Vorwort

Der Mondkalender … seit 1978
„Der Zeitpunkt der Aussaat mag unbedeutend erscheinen, doch er hat einen ganz besonderen Einfluss auf die Entwicklung der Pflanzen während ihres Wachstums. Bei der Aussaat nimmt der Samen über den Boden die aktuellen Mond- und Planeteneinflüsse auf. Durch die Wahl des günstigsten Zeitpunkts für diese Maßnahme erhält der Samen die besten Bedingungen, um seinen Keimprozess einzuleiten. Die Pflanzen werden dann die Eigenschaften, für die wir sie pflanzen oder die wir ernten wollen, besser entwickeln."

Michel Gros

Michel Gros stammt ursprünglich aus der bäuerlichen Welt, wandte sich aber schon früh dem biologischen Anbau zu und begann 1975 seinen eigenen Gemüseanbau. Er war bestrebt, qualitativ hochwertiges Gemüse zu produzieren und gleichzeitig die Natur zu respektieren. Er interessierte sich für das Wissen der Alten, die die Natur beobachteten und den Einfluss des Mondes bei der Bewirtschaftung des Bodens berücksichtigten. Als Michel selbst feststellte, wie sich diese Einflüsse auf seine Kulturen auswirkten, beschloss er, „mit dem Mond zu arbeiten".
Unter dem Einfluss von Pierre-Henri Meunier entstand 1978 der Mondkalender, eine Synthese aus astronomischem und überliefertem Wissen. Schon bald halfen Michel und eine kleine Gruppe von Freiwilligen bei der Erstellung. In dieser Zeit lernt Michel Noël Vermot-Desroches kennen, eine entscheidende Begegnung, denn sie sollen den Fortbestand des Kalenders sichern.
Im Laufe der Jahre entwickelte sich der Inhalt des Kalenders durch ihre Zusammenarbeit immer weiter und Michel bereicherte ihn durch seine Versuche und die Umsetzung in die Praxis. Das Team besteht heute aus vier Personen, da Samuel und Clément, zwei Söhne von Michel, sich dem Abenteuer angeschlossen haben und einen neuen Blickwinkel einbringen, indem sie sich ebenso aktiv an der Erstellung des Mondkalenders beteiligen.

Fragen, Hinweise und Kritik bitte per E-Mail an: christian@schweiger.fr

INHALT

DEN MOND VERSTEHEN

Das Phänomen der Gezeiten lässt uns den Einfluss des Mondes auf die Erde in all seiner Kraft erkennen. Studien haben aufgezeigt, dass sich die Erdkruste bei Flut bis zu 50 Zentimeter hebt. Doch beeinflusst der Mond wesentlich mehr als nur die gut sichtbaren Gezeiten.

Unsere Vorfahren hatten durch Beobachtung und Erfahrung gelernt, ihre Arbeit und ihr Leben an die Mondzyklen anzupassen, wodurch sie in den verschiedensten Bereichen profitierten.

Ab- und zunehmender Mond

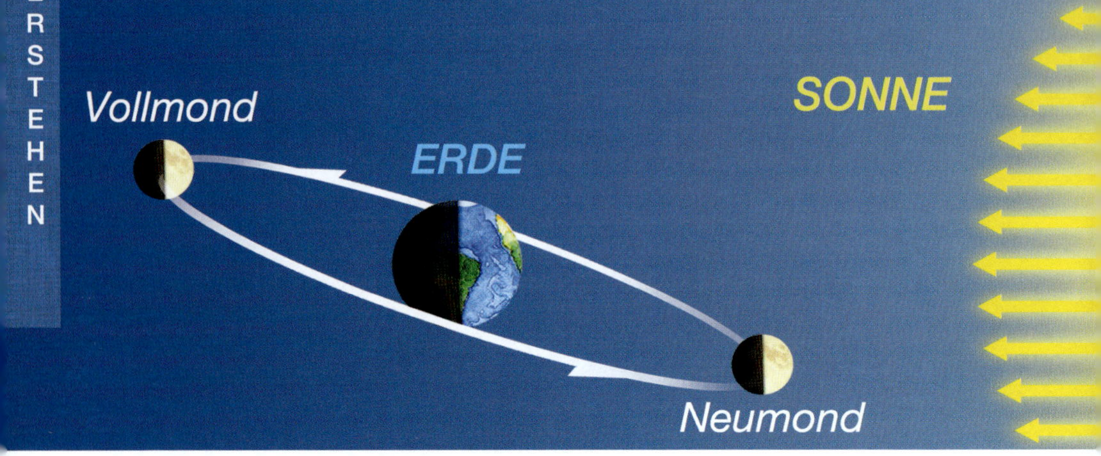

Die Zyklen des ab- und zunehmenden Mondes entsprechen Ab- und Zunahme der sichtbaren, beleuchteten Oberfläche des Mondes.

Befindet sich der Mond zwischen Erde und Sonne (in der Zeichnung rechts), ist die beleuchtete Seite des Mondes nicht von der Erde sichtbar. Auf seinem Weg um die Erde ist ein immer größerer Teil zu sehen und die feine Sichel des Neumondes wächst in etwa zwei Wochen zum Vollmond.

Die verschiedenen Phasen sind wohl der bekannteste Aspekt des Mondes, da sie mit bloßem Auge von der Erde aus erkannt werden können. Der sogenannte synodische Monatszyklus dauert 29 Tage, 12 Stunden und 44 Minuten und beginnt, wenn der Mond zwischen Sonne und Erde steht: bei Neumond. Diese unbeleuchtete Mondseite wird durch einen dunklen Kreis dargestellt. Während seines Erdumlaufs wird die beleuchtete Seite immer sichtbarer – von der Sichelform über den Halb- zum Vollmond, um dann wieder bis zum nächsten Neumond abzunehmen.

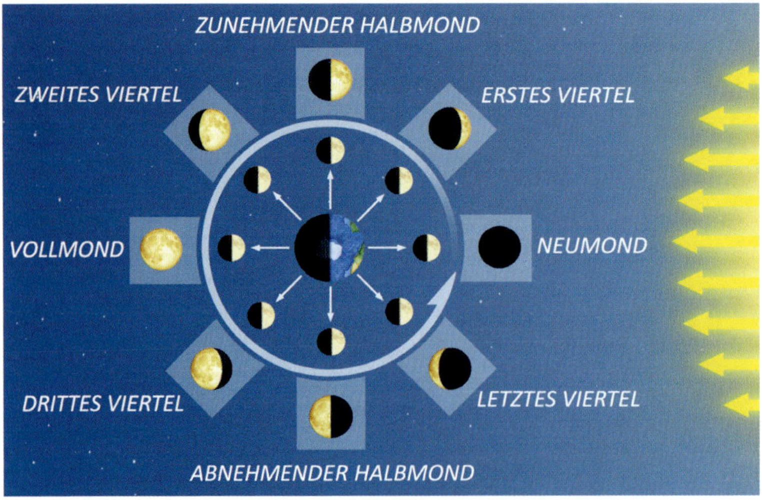

Stellen wir uns zur besseren Veranschaulichung eine Draufsicht vor: Im inneren Kreis sehen wir die jeweilige Position des Mondes während der jeweiligen Mondphasen, die im äußeren Kreis so dargestellt sind, wie wir sie von der Erde aus sehen.

ZUNEHMENDER MOND
Zwischen Neumond und Vollmond

Zwischen Neu- und Vollmond nimmt der Mond zu und wird von Tag zu Tag heller – so auch die Kurve im Kalenderteil.

ABNEHMENDER MOND
Zwischen Vollmond und Neumond

Zwischen Voll- und Neumond nimmt der Mond ab und wird von Tag zu Tag dunkler – so auch die Kurve im Kalenderteil.

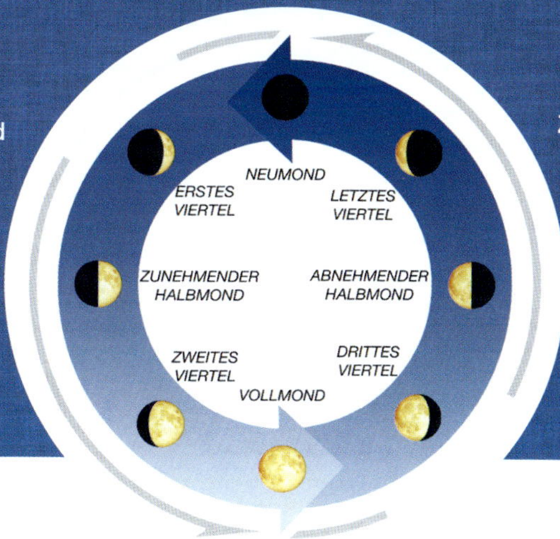

EINFLÜSSE DES ZUNEHMENDEN MONDES

Die Vitalität der Pflanzen nimmt mit dem Licht des Mondes zu. Je näher der Vollmond, desto mehr Widerstandskraft haben Pflanzen gegen Schädlinge und Krankheiten.

Sie halten länger in einer Vase, im Keller oder im Silo und **spenden mehr Lebenskraft** beim Verzehr. In dieser Zeit geerntetes Heu ist von besserer Qualität; Kompost ist dann hitziger und Hufbehandlungen bei Nutztieren verheilen in dieser Zeit besser.

EINFLÜSSE DES ABNEHMENDEN MONDES

Die Vitalität der Pflanzen nimmt mit dem Licht des Mondes ab, doch wird zugleich ihre spezifische Energie gefördert. So hat die Pflanze zwar weniger Lebenskraft, doch sind **Farben, Geruch und Geschmack intensiver**, der Nährwert und die medizinischen Eigenschaften werden gesteigert. Die Aufbewahrung frischer Pflanzen erweist sich zwar als schwieriger, doch eignet sich diese Phase zum Einmachen von **Marmeladen** und **Konserven** und zur **Flaschenabfüllung** von Wein. Auch **Schädlinge** und **Pilze** lassen sich in dieser Mondphase besonders gut **bekämpfen**.

Auf einen Blick

Betrachten wir den Mond am Himmel, so genügt ein einziger Blick, um festzustellen, ob er zu- oder abnimmt: Der zunehmende Mond formt den Bogen eines kleinen *z*.

Betrachten wir den Mond am Himmel, so sehen wir, dass der abnehmende Mond den Bogen eines kleinen *a* formt.

V
E
R
S
T
E
H
E
N

Auf- und absteigender Mond

Oft werden zunehmender und aufsteigender Mond verwechselt.
Es handelt sich jedoch um zwei völlig verschiedene Phänomene. Hier haben wir es mit der Position des Mondes am Himmel zu tun, während die Zyklen des ab- und zunehmenden Mondes der sichtbaren, beleuchteten Oberfläche des Mondes entsprechen. So kann der Mond z. B. zugleich zunehmen und absteigen.

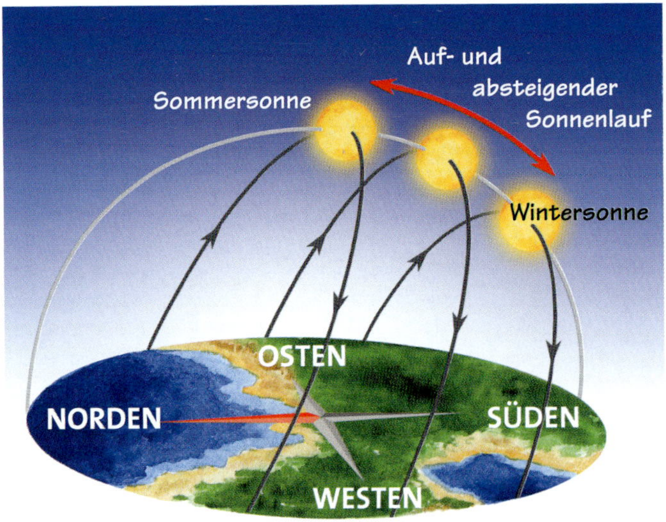

Das Auf- und Absteigen des Mondes ist vergleichbar mit dem der Sonne innerhalb eines Jahres. Ende Dezember geht die Sonne in unserer Hemisphäre im Südosten auf und im Südwesten unter und wandert während des Tages in einem ziemlich kleinen Bogen, der mittags noch relativ tief über dem südlichen Horizont liegt. Je näher wir der Sommersonnenwende kommen, desto nordöstlicher ist der Sonnenaufgang und desto nordwestlicher der Sonnenuntergang.
So sehen wir die Sonne innerhalb eines Halbjahres aufsteigen und im nächsten Halbjahr absteigen. Der Mond durchläuft diese beiden Phasen jedoch nicht wie die Sonne in einem Jahr, sondern in einem sogenannten **siderischen Mondzyklus von 27 Tagen, 7 Stunden und 43 Minuten**. Deshalb ist manchmal bei aufsteigendem Mond auch von einem Mondfrühling und bei absteigendem von einem Mondherbst die Rede.
In der südlichen Hemisphäre sind auf- und absteigender Mond der nördlichen entgegengesetzt (siehe Seite 8).

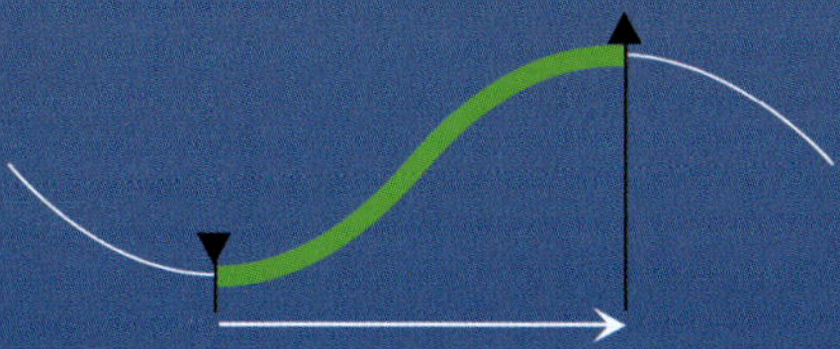

AUFSTEIGENDER MOND

In diesem Kalender wird der aufsteigende Mond (AUFM) durch eine grüne aufsteigende Kurve symbolisiert, die vom tiefsten zum höchsten Punkt führt (Seiten 72 bis 95).

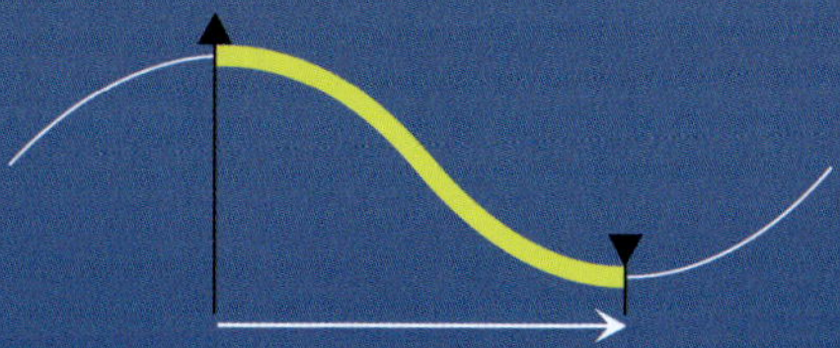

ABSTEIGENDER MOND

In diesem Kalender wird der absteigende Mond (ABM) durch eine gelbe absteigende Kurve symbolisiert, die vom höchsten zum tiefsten Punkt führt (Seiten 72 bis 95).

EINFLUSS DES AUFSTEIGENDEN MONDES

Hier steigt der Saft der Pflanzen und die oberirdischen Partien entwickeln eine größere Aktivität.

Deshalb ist dies der geeignete Zeitpunkt **zu veredeln, Obst zu ernten, Pfropfreiser abzunehmen, Birkensaft zu zapfen** usw. In dieser Zeit sollte man keine Bäume schneiden oder Kräuter zum Trocknen pflücken. Wird jetzt Rasen gemäht, so stimuliert das den Gras- und Samenwuchs.

EINFLUSS DES ABSTEIGENDEN MONDES

Hier geht der Saft der Pflanzen eher in die Wurzeln und das Wachstum konzentriert sich auf die unterirdischen Pflanzenteile.

Dies ist der passende Moment, um **Wurzelgemüse zu ernten, Kräuter zum Trocknen zu pflücken, Bäume und Ziersträucher zu schneiden, zu pflanzen, zu pikieren, umzutopfen, zu pflügen, Kompost einzuarbeiten und Holz zu fällen**. Wird zu dieser Zeit Rasen gemäht, so schlägt er feste Wurzeln und vermag die Erde besser auf Böschungen zu halten.

Entgegen der landläufigen Meinung hat der Zyklus des auf-/absteigenden Mondes nur einen geringen Einfluss auf die Aussaat, deren Entwicklung hauptsächlich von den Sternbildern, den Planetenaspekten und dem zunehmenden/absteigenden Mond beeinflusst wird (siehe Aussaat Seite 34).

Den auf- und absteigenden Mond bestimmen

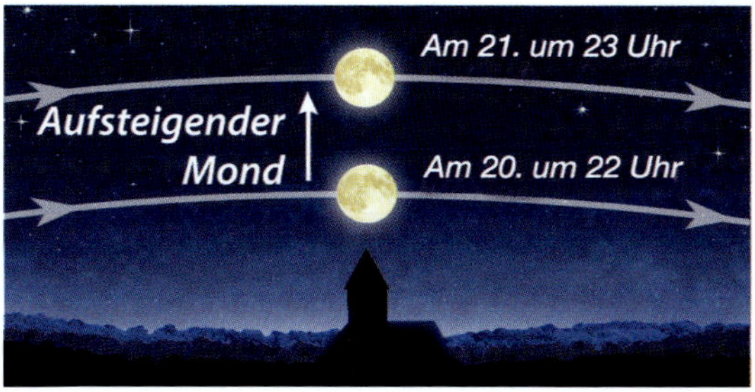

Um zu sehen, ob der Mond auf- oder absteigt, müssen wir seine Laufbahn an mindestens zwei Folgetagen anhand eines Fixpunkts wie einem Baum oder Kirchturm von derselben Stelle aus – allerdings etwa eine Stunde später – vergleichen.

Nördliche und südliche Hemisphäre

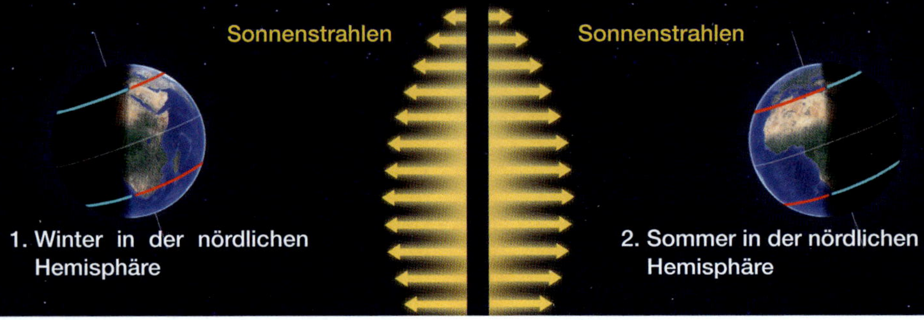

Während der Mond in unseren Breiten zuerst auf- und dann wieder absteigt, verläuft seine Bewegung in der südlichen Hemisphäre genau umgekehrt. Dafür ist die Neigung der Erdachse verantwortlich. Dieser Winkel beträgt 23° und ist ebenso für die Jahreszeiten verantwortlich, die es nicht gäbe, wenn die Erdachse gerade stünde. Im ersten Beispiel oben ist der Tag (rote Kurve) kürzer als die Nacht (grüne Kurve). Es ist Winter. Im Sommer (zweites Beispiel) ist der Tag länger als die Nacht. In der südlichen Hemisphäre ist dies genau umgekehrt. Dasselbe gilt für die Zyklen des auf- und absteigenden Mondes. Steigt der Mond in der nördlichen auf, steigt er in der südlichen ab.

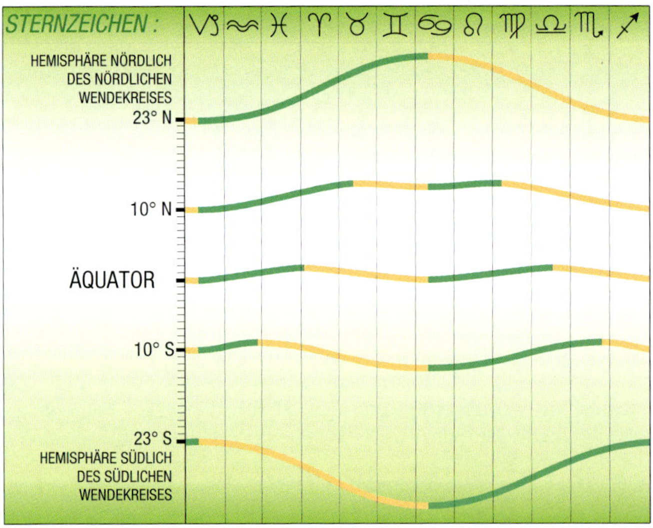

Während der Einfluss des auf- und absteigenden Mondes in der nördlichen und südlichen Hemisphäre sehr stark zum Ausdruck kommt, ist er zwischen den beiden Wendekreisen weniger markant, wie aus der Grafik ersichtlich wird. Zwischen den beiden Wendekreisen beeinflussen das Zu- und Abnehmen des Mondes sowie Ebbe und Flut das Leben auf der Erde stärker. Arbeiten für den absteigenden Mond sollten also, wenn möglich, auch bei abnehmendem Mond und sinkender Flut stattfinden.

In Äquatornähe ist also der Einfluss der Mondphasen und Gezeiten stärker als der des auf- und absteigenden Mondes, der nördlich und südlich der Tropen eine wichtigere Rolle spielt.

Auf der Südhalbkugel müssen die Angaben zum auf- und absteigenden Mond in den Monatskurven (Seiten 72–95) und Notizseiten (Seiten 99–126) umgekehrt werden. Auch die Tabellen (Kompost, Haare usw.) bedürfen bestimmter Anpassungen.

Perigäum und Apogäum

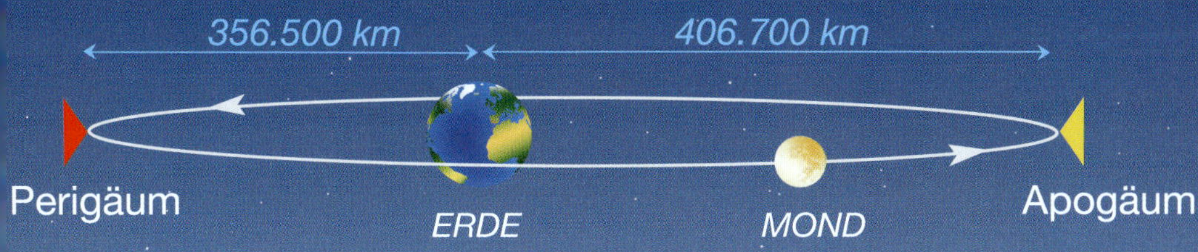

Der Mond läuft in einer Ellipse um die Erde, wobei die Erde in einem seiner Brennpunkte steht. Der Abstand zwischen den beiden ändert sich also ständig. Der erdnächste Punkt (356.500 km) auf dieser Bahn wird Perigäum, der erdfernste (406.700 km) Apogäum genannt.

Der Mond benötigt für diesen sogenannten anomalistischen Kreislauf von einem Perigäum zum nächsten 27 Tage, 13 Stunden und 18 Minuten.

Je näher der Mond der Erde kommt (Perigäum P), desto größer erscheint er uns, je weiter er entfernt ist (Apogäum A), desto kleiner sehen wir ihn. Dieses Phänomen wird im Kalender durch das An- und Abschwellen der Mondbahn gekennzeichnet.

EINFLUSS DES PERIGÄUMS

Je näher der Mond der Erde steht, desto stärker ist sein Einfluss auf die Pflanzen. Seine Auswirkungen sind also um das Perigäum herum ausgeprägter. Am Tag des Perigäums selbst sollten weder Boden noch Pflanzen bearbeitet werden.

All unsere Erfahrungen und Vergleichsstudien haben erwiesen, dass Perigäen in der Regel Störfaktoren darstellen. Auch wenn sich diese bei bestimmten Pflanzen weniger bemerkbar machen, kennzeichnen wir diese Perioden generell als negativ.

Bestimmte Planetenaspekte können diese Einflüsse außerdem verstärken oder abschwächen. Perigäen haben demnach also nicht jeden Monat dieselben Auswirkungen, weshalb die entsprechenden roten Zonen in den Monatskurven (Seiten 72–95) und Notizseiten (Seiten 99–126) auch um einige Stunden variieren können.

Bei Perigäen sollte vermieden werden, den Boden zu bestellen, zu säen oder zu ernten. Dabei ist dieser Einfluss umso stärker, je näher wir der angegebenen Uhrzeit des Störfaktors kommen. Es handelt sich um eine fließende Grenze, bei der die 4–5 Stunden vor und 3–4 Stunden nach der jeweiligen Zeitangabe gemieden werden sollten.

EINFLUSS DES APOGÄUMS

Unsere Vergleichsversuche haben keinen erkennbaren Einfluss der Apogäen erkennen lassen, weshalb sie lediglich zur Information angeführt werden.

Mondknoten und Planetenknoten

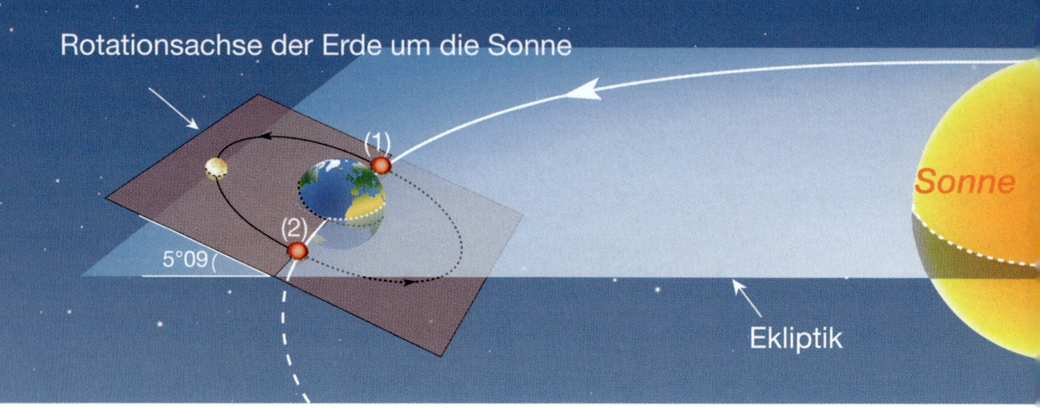

MONDKNOTEN

Die Erde zieht eine ellipsenförmige Bahn um die Sonne, die einen der Brennpunkte dieser Ellipse darstellt. Der Winkel der Ebene, auf der diese Bahn läuft, wird Ekliptik genannt. Der Mond läuft nun seinerseits in einer Ellipse um die Erde, deren Ebene die Ekliptik zwei Mal in einem Winkel von 5° 09' schneidet – einmal bei seinem Aufstieg (1), dem **aufsteigenden Mondknoten** (☊), dann bei seinem Abstieg (2), dem **absteigenden Mondknoten** (☋).

PLANETENKNOTEN

Genauso wie bei den Mondknoten kommt es ebenso zu Knoten, wenn Planeten die Ekliptik der Erde um die Sonne schneiden. Sie werden nicht nur in der Berechnung der Monatskurven berücksichtigt, sondern ebenso in den Notizseiten durch die Knotenzeichen (☋ ☊) in Verbindung mit dem jeweiligen Symbol der vier wichtigsten Planeten Merkur ☿ Venus ♀ Mars ♂ Jupiter ♃ gekennzeichnet.

EINFLUSS DER MOND- UND PLANETENKNOTEN

Unsere Vergleichsstudien haben erwiesen, dass Mond- und Planetenknoten Störfaktoren darstellen. In diesen Momenten sollte vermieden werden, den Boden zu bestellen, zu säen oder zu ernten. Weitere Beispiele für diese negativen Einflüsse finden Sie auf den nächsten Seiten.

Je näher wir der angegebenen Uhrzeit des Störfaktors kommen, desto stärker ist dieser Einfluss. Auch hier handelt es sich um eine fließende Grenze, bei der die 4–5 Stunden vor und 3–4 Stunden nach der jeweiligen Zeitangabe gemieden werden sollten. Um sicherzugehen, haben wir diese roten Zonen etwas breiter gestaltet.
Bestimmte Planetenaspekte können diese Einflüsse außerdem verstärken oder abschwächen. Manche Knoten können also sehr starke Auswirkungen haben, während andere kaum bemerkbar sind.

In den Monatskurven (Seiten 72–95) und Notizseiten (Seiten 99–126) sind diese Zonen rot oder durch (–) gekennzeichnet.

Mond- und Sonnenfinsternis

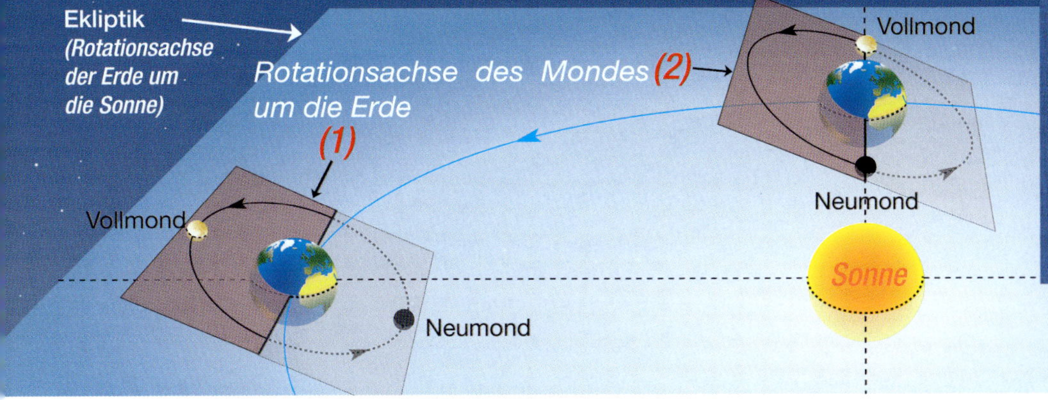

Sonnenfinsternis 2026 (MEZ)
17. Februar: Ringfinsternis, die ihr Maximum um 13.13 Uhr erreicht. Sichtbar in Südargentinien, Chile, Südafrika und in der Antarktis.

12. August: Totale Finsternis, die ihr Maximum um 19.47 Uhr erreicht. Sichtbar in Kanada, Europa, Nordwestafrika, Island und Grönland.

Mondfinsternis 2026 (MEZ)
3. März: Totale Finsternis, die ihr Maximum um 12.35 Uhr erreicht.

28. August: Teilfinsternis, die ihr Maximum um 6.14 Uhr erreicht.

Mondfinsternisse sind natürlich nur sichtbar, wenn der Mond um die jeweilige Uhrzeit am Himmel steht.

Befinden sich Sonne, Erde und Mond in einer Achse auf der Ebene der Ekliptik (2), so tritt bei Neumond eine Sonnenfinsternis und bei Vollmond eine Mondfinsternis ein.
Da die Mondknoten die Schnittpunkte der Erdumlaufbahn um die Sonne mit der Mondumlaufbahn um die Erde darstellen, tritt eine Sonnen- oder Mondfinsternis immer dann ein, wenn Mondknoten mit Neumond (NM) bzw. Vollmond (VM) zusammenfallen.

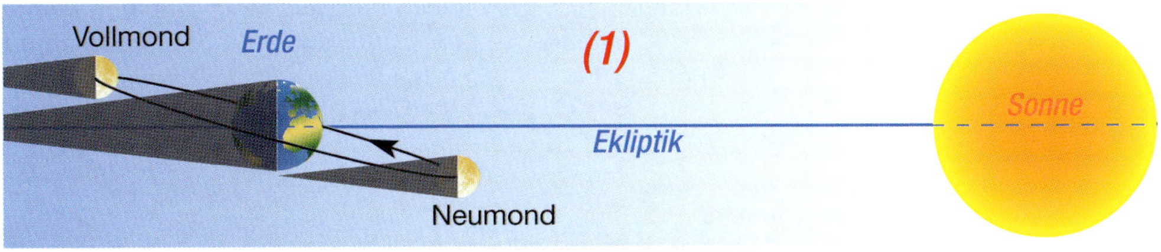

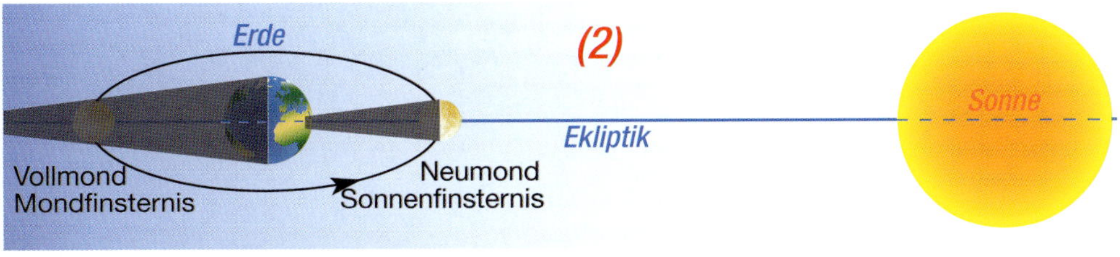

Sternbilder und Sternzeichen

In beiden Skizzen steht der Mond (aus der Erdperspektive) im Zeichen des Zwillings und im Bild des Stiers.

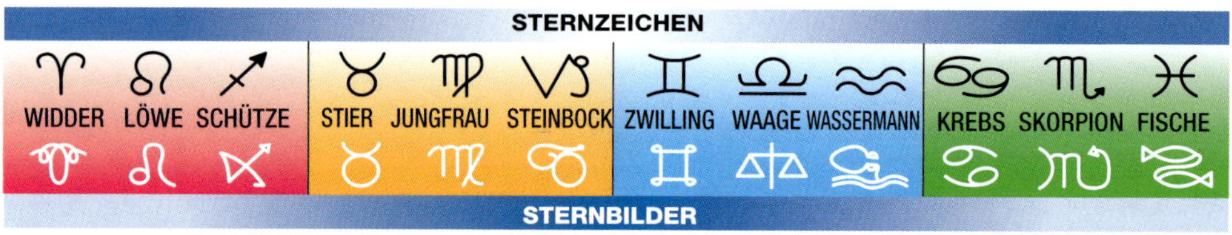

Sternbilder sind Konstellationen unterschiedlicher Größe, denen der Mensch aufgrund ihrer Anordnung Namen verliehen hat.

– Sie beeinflussen die verschiedenen Pflanzenteile (Wurzeln, Blätter, Blüte und Frucht).

Die 12 **Sternzeichen** entsprechen je 30° des regelmäßig unterteilten Tierkreises, die im Frühling mit dem Widder beginnen.

– Sie haben eine energetische Rolle und **bestimmen die Grundeigenschaften (trocken, feucht, heiß, kalt).**

Die Abweichung zwischen Sternbildern und Sternzeichen ist auf die sogenannte **Präzession** zurückzuführen. Vor 2000 Jahren begannen sowohl das Sternzeichen als auch das Sternbild des Widders zur Frühlingstagundnachtgleiche. Heute sind sie um fast einen Monat verschoben (siehe die gestrichelte Linie der Skizze). **Die astrologischen Sternzeichen entsprechen heute also keiner astronomischen Wirklichkeit mehr, weshalb dieser Mondkalender auch auf Sternbildern und nicht auf Sternzeichen basiert.** Die jährliche Verschiebung von 20 Minuten zwischen Sternzeichen und -bildern ergibt das **„platonische Jahr" von 25.765 Jahren**, nach dem das Sternzeichen des Widders sich wieder mit seinem Sternbild deckt.

Der Mond in den Sternzeichen

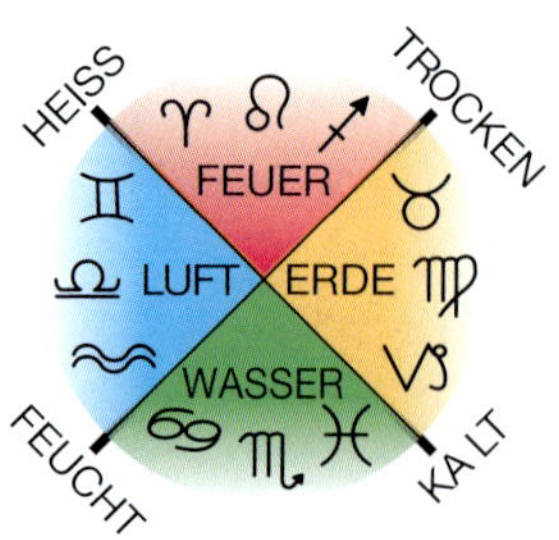

Die den Sternzeichen entsprechenden Elemente Feuer, Erde, Luft, Wasser bestimmen und vereinen die Grundeigenschaften heiß, kalt, trocken und feucht:

Feuer = trocken und heiß; **Wasser** = feucht und kalt;
Erde = trocken und kalt; **Luft** = feucht und heiß.

Das **Heiße** begünstigt und beschleunigt den Stoffwechsel.
Das **Kalte** bremst den Stoffwechsel.
Das **Trockene** konzentriert den Saft und wirkt so äußerer Feuchtigkeit entgegen.
Das **Feuchte** verteilt die Nähr- und Wirkstoffe in der Pflanze.
Durch die Arbeit an den Pflanzen zu bestimmten Zeitpunkten können wir diese Eigenschaften stärken oder mindern. So wird der Boden in Trockenperioden z. B. in einem Wasserzeichen (kalt und feucht) bearbeitet.

Der Mond vor den Sternbildern

Wenn der Mond vor einem Sternbild vorbeizieht, aktiviert er die diesem Sternbild eigenen Einflüsse, um sie an uns weiterzugeben. Rudolf Steiner, der Begründer der biodynamischen Landwirtschaft, hat die Gesetze über den Mond vor den Sternbildern zusammengefasst. Der Mond vor den Sternbildern spielt eine wichtige Rolle für die Aussaat und ihre Entwicklung. Es ist daher wichtig, dass Sie die Aussaat nach dem Teil der Pflanze vornehmen, den Sie ernten möchten (siehe Aussaat, Seite 34).

Wenn sich der Mond vor einer Feuerkonstellation (Widder, Löwe, Schütze) befindet, konzentriert sich die Aktivität der Pflanzen vor allem auf die Entwicklung von Früchten und Samen. Dies ist der ideale Zeitpunkt, um zu säen oder sich um die „Frucht"-Pflanzen zu kümmern (Tomaten, Auberginen, Erbsen, Bohnen, Mais, Kürbisse, Getreide ... siehe Liste auf Seite 98).

Wenn der Mond vor einer Erdkonstellation steht (Stier, Jungfrau, Steinbock), bildet die Pflanze besonders Wurzeln und Rinde. Jetzt ist die ideale Zeit, um zu säen, zu pflanzen oder sich um „Wurzelpflanzen" zu kümmern (Karotten, Kartoffeln, Radieschen, Spargel, Sellerie, Rote Bete, Pastinaken, Zwiebeln ... siehe Liste auf Seite 98).

Wenn sich der Mond vor einer Luftkonstellation (Zwillinge, Waage, Wassermann) befindet, wird der blühende Teil der Pflanze bevorzugt. Jetzt ist die ideale Zeit, um zu säen oder sich um Blütenpflanzen zu kümmern (Blumenkohl, Artischocken, Brokkoli, Zierblumen ... siehe Liste auf Seite 98).

Wenn der Mond vor einer Wasserkonstellation steht (Krebs, Skorpion, Fische), fördert die Aktivität der Pflanze die Entwicklung von Blättern. Dies ist der ideale Zeitpunkt für die Aussaat und Pflege von Blattpflanzen (Salat, Spinat, Mangold, Lauch, Kohl, Petersilie ... siehe Liste auf Seite 98).

Überschneidung von Sternbildern und Sternzeichen

In den Kurven des Kalenderteils werden die verschiedenen Überschneidungen durch laufende Buchstaben dargestellt. Erdbeeren werden z. B. am besten bei der Überlagerung des Sternbildes des Löwen mit dem Sternzeichen des Löwen gepflanzt, die in den Monatskurven mit dem Buchstaben q gekennzeichnet ist und in nebenstehendem Ausschnitt zwischen 1 Uhr und 19.32 Uhr liegt. Diese Phase eignet sich auch gut zum Fällen von Bauholz, welches durch das verstärkte Feuerelement besser trocknet und weniger anfällig für Parasiten wird.

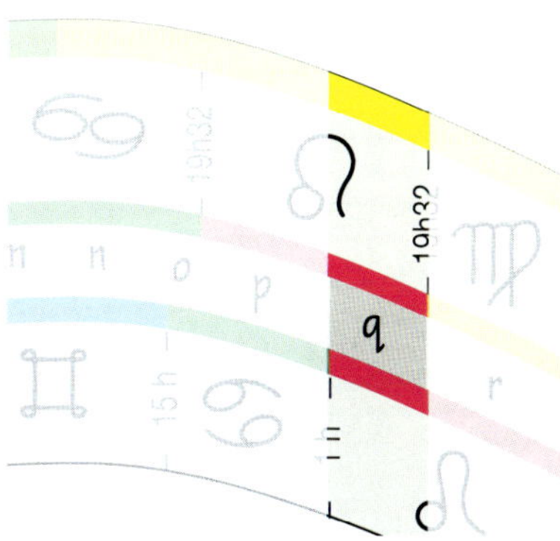

Planetenaspekte

Die Planeten wandern in verschiedenen Abständen und Geschwindigkeiten um die Sonne. Von der Erde aus gesehen verändern sie also ständig ihre Position. Zwei Planeten bilden in Bezug auf die Erde als Scheitelpunkt immer einen bestimmten Winkel.

Ein Winkel von	**0°**	heißt **Konjunktion**	(☌) und wird symbolisiert durch	☌
Ein Winkel von	**60°**	heißt **Sextil**	(✶) und wird symbolisiert durch	✶
Ein Winkel von	**90°**	heißt **Quadratur**	(□) und wird symbolisiert durch	□
Ein Winkel von	**120°**	heißt **Trigon**	(△) und wird symbolisiert durch	△
Ein Winkel von	**180°**	heißt **Opposition**	(☍) und wird symbolisiert durch	☍

Bild 1

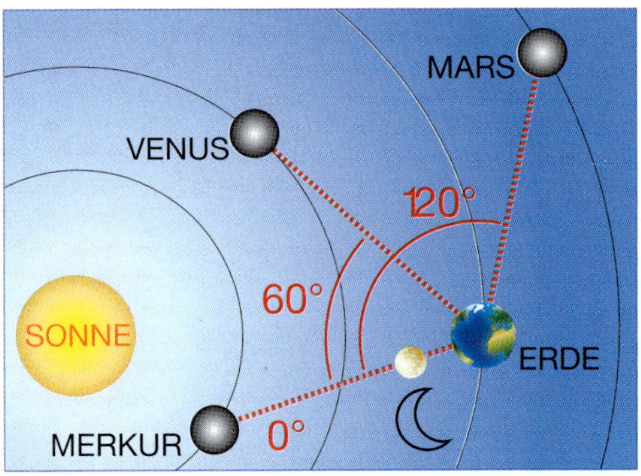

Bild 2

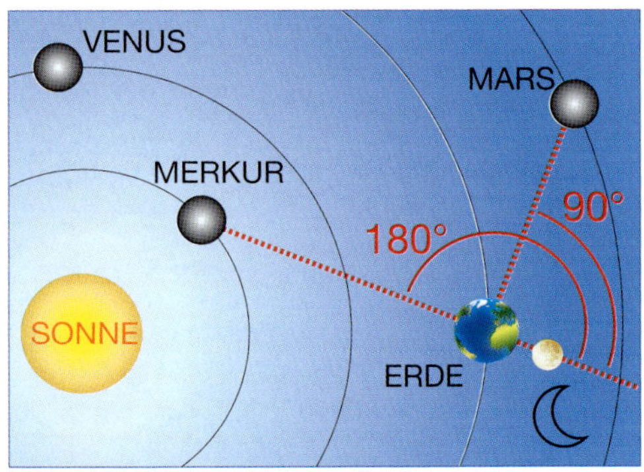

In Bild 1 steht der Mond in Konjunktion zu Merkur ☾☌☿, im Sextil zu Venus ☾✶♀ und im Trigon zu Mars ☾△♂.

In Bild 2 steht der Mond in Quadratur zu Mars ☾□♂ und in Opposition zu Merkur ☾☍☿.

Diese Aspekte können entweder zur Harmonisierung der Energie beitragen und so das Wachstum in Einklang mit dem natürlichen Rhythmus der Pflanze bringen oder aber auch in verschiedenen Bereichen die Pflanze stören, was z. B. ein zu langsames oder zu schnelles Wachstum bewirkt.
In einigen Kapiteln beziehen wir uns auf die Einflüsse der Planetenaspekte: Kompost, Unkrautbekämpfung, Weinbau, Kleidung, Hautpflege, Ernährung, Heilfasten, Entgiftung, Haarschnitt und Enthaarung. Auch wenn Pluto in astronomischer Hinsicht kein wirklicher Planet ist, hat auch er Einfluss auf unsere Erde, weshalb er hier ebenso berücksichtigt wird.

Der genaue Zeitpunkt der Planetenaspekte ist den Tabellen auf den folgenden Seiten zu entnehmen. Dabei ist der Zeitraum von 6–12 Stunden vor und nach der angegebenen Uhrzeit relevant.

In der folgenden Tabelle lesen wir z. B. am 2. Januar um 16 Uhr: Der Mond steht in Opposition zu Merkur ☾ ☍ ☿.

JANUAR	1	2	3	4	5	6	7	8	9	10	11	12	13	14	15	16	17	18	19	20	21	22	23	24	25	26	27	28	29	30	31
☉ : SONNE			☍ 11					△ 2		□ 17			✶ 11					☌ 21					✶ 21			□ 6		△ 12			
☿ : MERKUR		☍ 16					△ 9			□ 2		✶ 23						☌ 17						✶ 0		□ 12		△ 21			
♀ : VENUS			☍ 10					△ 3		□ 19			✶ 14						☌ 3					✶ 5		□ 15		△ 22			
♂ : MARS			☍ 14					△ 3		□ 16			✶ 9					☌ 16					✶ 15		□ 22			△ 4			
♃ : JUPITER				☌ 0				✶ 7		□ 16			△ 4					☍ 2				△ 18		□ 23			✶ 2				☌ 4
♄ : SATURN		□ 8		△ 9				☍ 19					△ 19			□ 7		✶ 18					☌ 11				✶ 19		□ 21		△ 23
♅ : URANUS				✶ 11		□ 14		△ 21					☍ 20					△ 19			□ 3		✶ 10				☌ 18				✶ 21
♆ : NEPTUN		□ 13		△ 14					☍ 0					△ 0		□ 12		✶ 23					☌ 14				✶ 22			□ 0	
♇ : PLUTO				☍ 19					△ 7		□ 18			✶ 7					☌ 6				✶ 21			□ 1		△ 4			
	1	2	3	4	5	6	7	8	9	10	11	12	13	14	15	16	17	18	19	20	21	22	23	24	25	26	27	28	29	30	31

FEBRUAR	1	2	3	4	5	6	7	8	9	10	11	12	13	14	15	16	17	18	19	20	21	22	23	24	25	26	27	28			
☉ : SONNE	☍ 23					△ 21			□ 14			✶ 8					☌ 13					✶ 7		□ 13		△ 20					
☿ : MERKUR		☍ 15						△ 0		□ 22			✶ 19						☌ 0				✶ 14		□ 18		△ 20				
♀ : VENUS		☍ 11					△ 13			□ 8			✶ 3					☌ 9					✶ 4		□ 11		△ 19				
♂ : MARS	☍ 13					△ 7		□ 22			✶ 15					☌ 19					✶ 12		□ 18			△ 0					
♃ : JUPITER				✶ 11		□ 18			△ 5					☍ 4				△ 20			□ 0		✶ 3				☌ 8				
♄ : SATURN					☍ 9					△ 8		□ 20			✶ 8				☌ 22					✶ 5		□ 9		△ 12			
♅ : URANUS			□ 0		△ 6					☍ 3					△ 3		□ 11		✶ 16				☌ 23					✶ 5			
♆ : NEPTUN	△ 1				☍ 11					△ 9		□ 22			✶ 8				☌ 22					✶ 5		□ 8		△ 11			
♇ : PLUTO	☍ 7				△ 18			□ 4		✶ 16					☌ 15					✶ 4		□ 8		△ 11				☍ 17			
	1	2	3	4	5	6	7	8	9	10	11	12	13	14	15	16	17	18	19	20	21	22	23	24	25	26	27	28			

MÄRZ	1	2	3	4	5	6	7	8	9	10	11	12	13	14	15	16	17	18	19	20	21	22	23	24	25	26	27	28	29	30	31
☉ : SONNE			☍ 13					△ 17			□ 11			✶ 4					☌ 2				✶ 14		□ 20			△ 4			
☿ : MERKUR				☍ 2				△ 12		□ 20			✶ 4				☌ 16				✶ 22			□ 0		△ 4				☍ 21	
♀ : VENUS				☍ 16						△ 2		□ 21			✶ 14					☌ 10					✶ 0		□ 8		△ 19		
♂ : MARS		☍ 13					△ 13			□ 5		✶ 21					☌ 22					✶ 9		□ 14		△ 20					☍ 15
♃ : JUPITER			✶ 17			□ 0		△ 11					☍ 11					△ 3		□ 7		✶ 9				☌ 14					✶ 2
♄ : SATURN					☍ 0				△ 22			□ 11		✶ 23					☌ 12				✶ 17		□ 20			△ 0			
♅ : URANUS		□ 10		△ 16					☍ 12					△ 13		□ 21			✶ 2				☌ 7				✶ 13		□ 19		
♆ : NEPTUN				☍ 22					△ 19			□ 8		✶ 19					☌ 9				✶ 12		□ 15		△ 19				
♇ : PLUTO					△ 5		□ 14			✶ 2					☌ 2				✶ 14		□ 16		△ 18					☍ 0			
	1	2	3	4	5	6	7	8	9	10	11	12	13	14	15	16	17	18	19	20	21	22	23	24	25	26	27	28	29	30	31

APRIL	1	2	3	4	5	6	7	8	9	10	11	12	13	14	15	16	17	18	19	20	21	22	23	24	25	26	27	28	29	30	
☉ : SONNE		☍ 4					△ 13			□ 7		✶ 22					☌ 14				✶ 22			□ 5		△ 15					
☿ : MERKUR					△ 0		□ 19			✶ 14					☌ 17					✶ 6		□ 14			△ 0					☍ 11	
♀ : VENUS				☍ 0					△ 14			□ 8		✶ 20					☌ 9				✶ 21			□ 8		△ 22			
♂ : MARS					△ 19			□ 12			✶ 4					☌ 0				✶ 7		□ 11		△ 18					☍ 16		
♃ : JUPITER		□ 11		△ 22					☍ 23					△ 17		□ 21		✶ 22					☌ 1				✶ 13		□ 23		
♄ : SATURN	☍ 15					△ 14			□ 3		✶ 15					☌ 5				✶ 7		□ 9		△ 12					☍ 4		
♅ : URANUS	△ 3				☍ 23						△ 0		□ 10		✶ 15				☌ 18				✶ 21			□ 3		△ 11			
♆ : NEPTUN	☍ 9					△ 6		□ 19			✶ 7				☌ 21				✶ 23			□ 0		△ 3				☍ 17			
♇ : PLUTO	△ 15			□ 0		✶ 12					☌ 12					✶ 1		□ 3		△ 3				☍ 7				△ 22			
	1	2	3	4	5	6	7	8	9	10	11	12	13	14	15	16	17	18	19	20	21	22	23	24	25	26	27	28	29	30	

MAI	1	2	3	4	5	6	7	8	9	10	11	12	13	14	15	16	17	18	19	20	21	22	23	24	25	26	27	28	29	30	31
☉: SONNE	☍ 19						△ 7		□ 23			⚹ 11				☌ 22					⚹ 5		□ 13			△ 2					☍ 11
☿: MERKUR						△ 10			□ 10			⚹ 6					☌ 3				⚹ 21			□ 12			△ 8				
♀: VENUS				☍ 9					△ 23			□ 12		⚹ 20					☌ 4				⚹ 19			□ 9			△ 2		
♂: MARS					△ 0		□ 16			⚹ 7					☌ 0				⚹ 4		□ 8		△ 15					☍ 17			
♃: JUPITER		△ 11					☍ 13					△ 10		□ 14		⚹ 15				☌ 15					⚹ 3		□ 14			△ 2	
♄: SATURN				△ 4		□ 17			⚹ 5				☌ 20				⚹ 22		□ 22			△ 0				☍ 15					△ 15
♅: URANUS			☍ 9					△ 11		□ 21			⚹ 4				☌ 6				⚹ 7		□ 12		△ 20					☍ 19	
♆: NEPTUN			△ 15			□ 4		⚹ 16					☌ 8				⚹ 10		□ 10		△ 11					☍ 0				△ 23	
♇: PLUTO	□ 8		⚹ 20					☌ 20					⚹ 12		□ 13		△ 13				☍ 14					△ 3		□ 14			⚹ 2
	1	2	3	4	5	6	7	8	9	10	11	12	13	14	15	16	17	18	19	20	21	22	23	24	25	26	27	28	29	30	31

JUNI	1	2	3	4	5	6	7	8	9	10	11	12	13	14	15	16	17	18	19	20	21	22	23	24	25	26	27	28	29	30
☉: SONNE					△ 22			□ 12		⚹ 21					☌ 5				⚹ 14			□ 0		△ 15						☍ 2
☿: MERKUR		☍ 6					△ 21			□ 10		⚹ 16				☌ 22					⚹ 11		□ 23			△ 12				
♀: VENUS			☍ 17						△ 1		□ 10		⚹ 15				☌ 22					⚹ 19			□ 12			△ 7		
♂: MARS			△ 2		□ 18			⚹ 7				☌ 21					⚹ 0		□ 5		△ 13					☍ 18				
♃: JUPITER				☍ 5					△ 3		□ 8		⚹ 10				☌ 10				⚹ 20			□ 6		△ 19				
♄: SATURN			□ 4		⚹ 17					☌ 10				⚹ 12		□ 11		△ 12					☍ 1					△ 1		□ 14
♅: URANUS				△ 20			□ 7		⚹ 15				☌ 20				⚹ 19		□ 22			△ 5					☍ 4			
♆: NEPTUN		□ 12			⚹ 0				☌ 18				⚹ 22		□ 21		△ 21					☍ 7					△ 6		□ 18	
♇: PLUTO					☌ 2				⚹ 20		□ 23		△ 23				☍ 22					△ 8		□ 19			⚹ 7			
	1	2	3	4	5	6	7	8	9	10	11	12	13	14	15	16	17	18	19	20	21	22	23	24	25	26	27	28	29	30

JULI	1	2	3	4	5	6	7	8	9	10	11	12	13	14	15	16	17	18	19	20	21	22	23	24	25	26	27	28	29	30	31
☉: SONNE					△ 10		□ 21			⚹ 5				☌ 12					⚹ 0		□ 13			△ 6					☍ 17		
☿: MERKUR	☍ 14					△ 7		□ 11		⚹ 12				☌ 8				⚹ 9		□ 14			△ 0					☍ 2			
♀: VENUS			☍ 19					△ 21			□ 3		⚹ 7				☌ 17					⚹ 20			□ 14			△ 8			
♂: MARS		△ 2		□ 16			⚹ 4				☌ 15				⚹ 20			□ 1		△ 11					☍ 17					△ 23	
♃: JUPITER	☍ 22					△ 20			□ 2		⚹ 5				☌ 6				⚹ 15			□ 1		△ 14					☍ 16		
♄: SATURN			⚹ 2				☌ 19					⚹ 0		□ 0		△ 0				☍ 10					△ 9		□ 21			⚹ 9	
♅: URANUS		△ 5		□ 16			⚹ 0				☌ 8				⚹ 8		□ 10		△ 15					☍ 13					△ 14		
♆: NEPTUN		⚹ 6					☌ 1				⚹ 8		□ 8		△ 8				☍ 15					△ 12			□ 0		⚹ 12		
♇: PLUTO		☌ 7					⚹ 2		□ 7		△ 8				☍ 8				△ 15			□ 0		⚹ 12					☌ 12		
	1	2	3	4	5	6	7	8	9	10	11	12	13	14	15	16	17	18	19	20	21	22	23	24	25	26	27	28	29	30	31

AUGUST	1	2	3	4	5	6	7	8	9	10	11	12	13	14	15	16	17	18	19	20	21	22	23	24	25	26	27	28	29	30	31
☉: SONNE			△ 19			□ 4		⚹ 11				☌ 20					⚹ 14			□ 5		△ 23						☍ 6			
☿: MERKUR		△ 5		□ 16			⚹ 1				☌ 16					⚹ 14			□ 10			△ 10						☍ 7			
♀: VENUS		☍ 15					△ 9		□ 14		⚹ 19					☌ 9					⚹ 15			□ 9			△ 0				☍ 22
♂: MARS		□ 12		⚹ 21					☌ 7				⚹ 15		□ 22			△ 9					☍ 15					△ 18			□ 4
♃: JUPITER			△ 12		□ 19		⚹ 22					☌ 2				⚹ 11		□ 21			△ 9					☍ 12					△ 5
♄: SATURN				☌ 1				⚹ 9		□ 10		△ 10				☍ 18					△ 15			□ 3		⚹ 14					☌ 5
♅: URANUS	□ 0		⚹ 8				☌ 17				⚹ 19		□ 21			△ 2				☍ 22					△ 22			□ 8		⚹ 15	
♆: NEPTUN			☌ 6				⚹ 15		□ 17		△ 17					☍ 0				△ 18			□ 7		⚹ 19					☌ 11	
♇: PLUTO			⚹ 6		□ 12		△ 15				☍ 17				△ 23			□ 7		⚹ 18					☌ 18					⚹ 11	
	1	2	3	4	5	6	7	8	9	10	11	12	13	14	15	16	17	18	19	20	21	22	23	24	25	26	27	28	29	30	31

SEPTEMBER	1	2	3	4	5	6	7	8	9	10	11	12	13	14	15	16	17	18	19	20	21	22	23	24	25	26	27	28	29	30
☉ : SONNE		△ 3		□ 10		✶ 16					☌ 5					✶ 6		□ 23			△ 17					☍ 19				
☿ : MERKUR		△ 13			□ 0		✶ 9					☌ 6					✶ 17			□ 15			△ 10					☍ 12		
♀ : VENUS					△ 11		□ 16		✶ 21					☌ 14					✶ 17			□ 8		△ 19					☍ 7	
♂ : MARS		✶ 11				☌ 21					✶ 8		□ 16			△ 5					☍ 11					△ 11		□ 17		✶ 22
♃ : JUPITER		□ 10		✶ 14				☌ 21					✶ 7		□ 17			△ 5					☍ 7				△ 22			□ 2
♄ : SATURN				✶ 13		□ 15		△ 17					☍ 1				△ 20			□ 8		✶ 19					☌ 9			
♅ : URANUS			☌ 23					✶ 4		□ 7		△ 12					☍ 6					△ 6		□ 16		✶ 22				
♆ : NEPTUN			✶ 20		□ 22			△ 1				☍ 8					△ 1		□ 13			✶ 1				☌ 18				
♇ : PLUTO	□ 16		△ 20					☍ 1				△ 8		□ 15			✶ 1					☌ 2				✶ 18		□ 22		
	1	2	3	4	5	6	7	8	9	10	11	12	13	14	15	16	17	18	19	20	21	22	23	24	25	26	27	28	29	30

OKTOBER	1	2	3	4	5	6	7	8	9	10	11	12	13	14	15	16	17	18	19	20	21	22	23	24	25	26	27	28	29	30	31
☉ : SONNE	△ 9		□ 15		✶ 23					☌ 18						✶ 0		□ 18			△ 11					☍ 5				△ 15	
☿ : MERKUR			△ 4		□ 12		✶ 21					☌ 21						✶ 5		□ 20			△ 6				☍ 10				△ 8
♀ : VENUS			△ 12		□ 15		✶ 19					☌ 6					✶ 1		□ 11		△ 19					☍ 0			△ 23		□ 23
♂ : MARS					☌ 8				✶ 22			□ 9		△ 22						☍ 4					△ 0		□ 3		✶ 6		
♃ : JUPITER		✶ 5				☌ 12					✶ 1		□ 11		△ 23						☍ 1				△ 14		□ 16		✶ 17		
♄ : SATURN	✶ 15		□ 17		△ 20					☍ 6					△ 0		□ 12			✶ 0				☌ 15				✶ 18		□ 19	
♅ : URANUS	☌ 5				✶ 10		□ 14		△ 20					☍ 13					△ 14			□ 0		✶ 7				☌ 10			
♆ : NEPTUN	✶ 0		□ 3		△ 6				☍ 15					△ 8		□ 20			✶ 8					☌ 2				✶ 6		□ 7	
♇ : PLUTO	△ 1				☍ 6				△ 16		□ 23			✶ 9					☌ 10					✶ 3		□ 6		△ 7			
	1	2	3	4	5	6	7	8	9	10	11	12	13	14	15	16	17	18	19	20	21	22	23	24	25	26	27	28	29	30	31

NOVEMBER	1	2	3	4	5	6	7	8	9	10	11	12	13	14	15	16	17	18	19	20	21	22	23	24	25	26	27	28	29	30
☉ : SONNE	□ 21			✶ 7					☌ 8					✶ 19			□ 13			△ 3				☍ 16				△ 23		
☿ : MERKUR		□ 7		✶ 8				☌ 14					✶ 8		□ 21			△ 12					☍ 6				△ 16		□ 23	
♀ : VENUS			✶ 1				☌ 12					✶ 7		□ 20			△ 9					☍ 1				△ 5		□ 7		✶ 11
♂ : MARS		☌ 15					✶ 8		□ 20			△ 10					☍ 15					△ 9		□ 11		✶ 12				☌ 18
♃ : JUPITER			☌ 0				✶ 14			□ 0		△ 12					☍ 14					△ 5		□ 6		✶ 6				☌ 10
♄ : SATURN	△ 21					☍ 8					△ 3		□ 15			✶ 4				☌ 22					✶ 1		□ 1		△ 2	
♅ : URANUS	✶ 13		□ 18			△ 0				☍ 18					△ 19			□ 6		✶ 14				☌ 18				✶ 18		□ 21
♆ : NEPTUN	△ 9				☍ 19					△ 13			□ 1		✶ 14					☌ 10				✶ 15		□ 15		△ 15		
♇ : PLUTO	☍ 11				△ 21			□ 6		✶ 16					☌ 17					✶ 13		□ 17		△ 18				☍ 18		
	1	2	3	4	5	6	7	8	9	10	11	12	13	14	15	16	17	18	19	20	21	22	23	24	25	26	27	28	29	30

DEZEMBER	1	2	3	4	5	6	7	8	9	10	11	12	13	14	15	16	17	18	19	20	21	22	23	24	25	26	27	28	29	30	31
☉ : SONNE	□ 7		✶ 19						☌ 2					✶ 15			□ 7		△ 18					☍ 2				△ 10		□ 20	
☿ : MERKUR		✶ 10					☌ 20						✶ 16			□ 12			△ 3				☍ 18					△ 6		□ 18	
♀ : VENUS					☌ 7					✶ 13			□ 6		△ 23					☍ 19					△ 1		□ 4		✶ 11		
♂ : MARS					✶ 12			□ 1		△ 15					☍ 19					△ 11		□ 13		✶ 13				☌ 15			
♃ : JUPITER					✶ 0		□ 10		△ 22						☍ 0				△ 16		□ 18		✶ 18				☌ 18				
♄ : SATURN			☍ 12					△ 8		□ 20				✶ 9				☌ 6				✶ 12		□ 12		△ 11				☍ 19	
♅ : URANUS			△ 3				☍ 22					△ 23			□ 11		✶ 21					☌ 4				✶ 2		□ 3		△ 8	
♆ : NEPTUN			☍ 0				△ 19			□ 7		✶ 20					☌ 19					✶ 2		□ 2		△ 1				☍ 7	
♇ : PLUTO			△ 4		□ 13		✶ 23						☌ 1				✶ 23			□ 4		△ 6				☍ 5				△ 11	
	1	2	3	4	5	6	7	8	9	10	11	12	13	14	15	16	17	18	19	20	21	22	23	24	25	26	27	28	29	30	31

Die Gezeiten

Sprechen wir von den Gezeiten, denken wir zuerst wohl an Ebbe und Flut. Doch wirken sich die Gezeiten auch auf die Pflanzenwelt, ja auf unseren gesamten Planeten aus. Studien haben aufgezeigt, dass sich die Erdkruste dabei um etwa 30 Zentimeter hebt und senkt, bei Voll- und Neumond sogar mehr. Daher wundert es nicht, dass dadurch auch Lebewesen, insbesondere aber Pflanzen, beeinflusst werden, deren Säfte mit den Gezeiten fluktuieren.

Die Anziehungskraft zweier Körper variiert je nach ihrer Masse und Distanz. Im Fall der Erde üben Sonne und Mond die größte Anziehungskraft aus. Dabei ist die des Mondes durchschnittlich 2,17 mal so stark wie die der Sonne. Dieser Fremdeinfluss bewirkt eine Verformung der Erde, die wir am leichtesten an der Bewegung der Meere beobachten können.

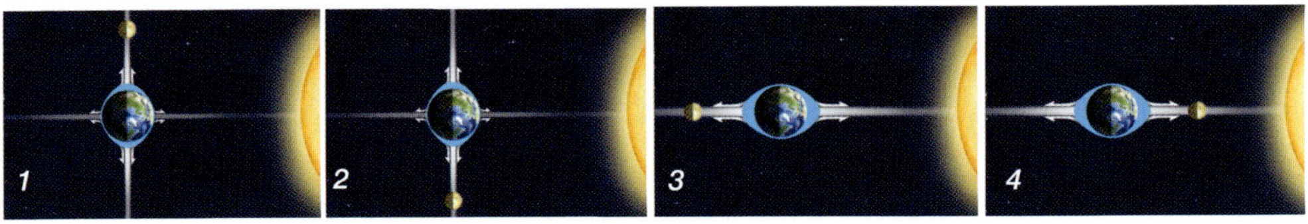

1 und 2:
Anziehungskraft von Sonne und Mond wirken gegeneinander, was schwächere Gezeiten bewirkt.
3 und 4:
Die Anziehungskraft von Sonne und Mond potenzieren einander, was stärkere Gezeiten bewirkt.

Da die Zentrifugalkraft der Erdumdrehung diese ausgleicht, entstehen zwei Flutberge, unter denen sich die Erde hinwegdreht. Da die Anziehungskraft des Mondes stärker ist, bestimmt vor allem seine Position die Gezeiten, wobei die Sonne diese verstärken bzw. schwächen kann.

Die Wassermassen der Ozeane folgen der Anziehungskraft des Mondes mit einer gewissen Verzögerung, die durch den Widerstand am Meeresgrund und an den Küsten verursacht wird.

Abgesehen von dieser Verzögerung ist die der Ebbe bei Aufgang des Mondes am niedrigsten. In den nächsten 6 Stunden und 12 Minuten steigt die Flut, woraufhin sie genauso lange wieder zurückgeht, während der Mond untergeht. Die Flut erreicht ihren nächsten Höhepunkt, wenn der Mond den 180° gegenüberliegenden Meridian überschreitet. Nach einem solchen Doppelzyklus von Ebbe und Flut von etwa 24 Stunden und 50 Minuten erreicht der Mond nach etwas mehr als einer Erdumdrehung wieder denselben Meridian.

Einfluss der Gezeiten

Der Einfluss der steigenden Flut wirkt sich auf folgende Arbeiten am günstigsten aus

- zum Ausgleich der Kräfte des absteigenden Mondes bei der Aussaat
- beim Veredeln
- beim Pflügen schwerer Erde
- für einen lockeren Komposthaufen
- für die Ernte bei abnehmendem Mond

Der Einfluss der sinkenden Flut ist günstig für folgende Arbeiten

- zum Ausgleich der Kräfte des aufsteigenden Mondes bei der Aussaat
- beim Pflanzen
- beim Pflügen lockerer Erde
- beim Düngen mit Mist
- beim Holzfällen
- für die Ernte bei zunehmendem Mond

Die Einflüsse der Gezeiten sind um etwa eine Stunde phasenverschoben. Dies ist vergleichbar mit einer Schaukel, die noch weiterschwingt, wenn sie nicht mehr angestoßen wird. In den Weltmeeren variieren die Gezeiten daher auch stark mit der Wassertiefe und der Küstenform. Der Einfluss der steigenden Flut setzt etwa eine Stunde nach Auf- bzw. Untergang des Mondes ein und dauert bis etwa eine Stunde nach dem Überschreiten des jeweiligen Meridians. Zu Beginn und Ende dieser Phase ist dieser Einfluss noch relativ gering, weshalb sie für spezifische Arbeiten nicht relevant ist. Durch den zusätzlichen Einfluss der Sonne sind Morgenflut und Abendebbe stärker. Dies kommt besonders bei Neu- und Vollmond zur Geltung.

Genaue Zeiten der Flut sowie des Auf- und Untergangs des Mondes finden Sie auf den **Notizseiten** (siehe Seite 99):
Der **Aufgang** des Mondes ist blau, der **Untergang** schwarz gekennzeichnet.
Der Beginn des Einflusses der **steigenden Flut** ist grün und der der **sinkenden Flut** schwarz gekennzeichnet.
Wie im übrigen Kalender sind alle Zeiten der Notizseiten in Lokalzeit angegeben. Unter der Internetadresse www.calsky.com können Sie die genauen Zeiten für Ihren Wohnort erfahren.

Aufgrund der geographisch bedingten Zeitverschiebungen werden den Angaben der Nullachse (München) z. B. in Wien 20 Minuten abgezogen, in Köln hingegen 20 Minuten hinzugefügt.

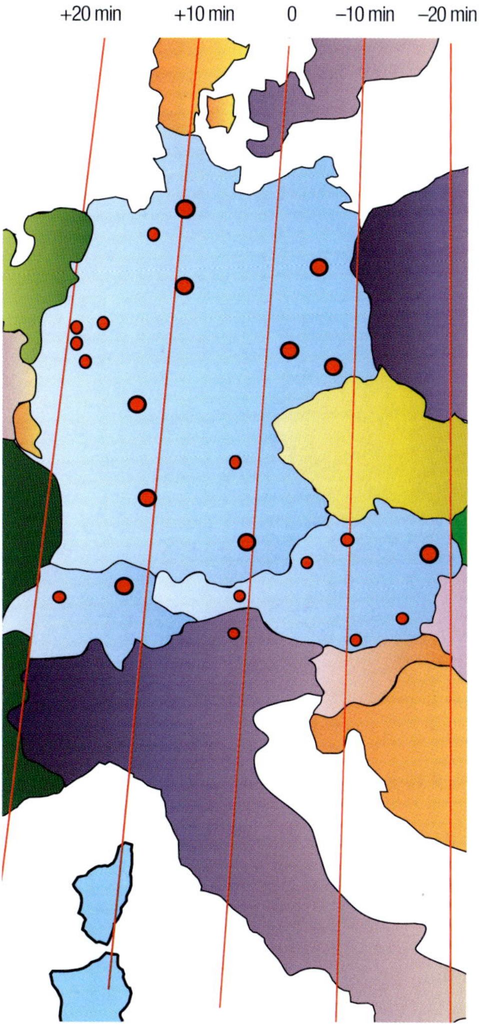

Wetter 2026

Die Astro-Meteorologie erforscht den Zusammenhang zwischen Planetenaspekten und Wetterphänomenen, um bestimmte Wettertrends für das Jahr zu ermitteln.

Wettertendenzen für das Jahr 2026

Im Großen und Ganzen wird **2026 ein warmes und trockenes Jahr mit einigen plötzlichen und starken Niederschlägen.**

- Winter überwiegend recht windig und wechselhaft.
- Tendenziell warmer Frühling mit der Möglichkeit plötzlicher stürmischer Episoden.
- Sehr heißer und trockener Sommer mit Gewittertendenz, feucht am Ende der Saison.
- Durchwachsener Herbst mit windigen und feuchten Episoden, einer eher milden Saisonmitte und kälterem Dezember.

Die angegebenen Trends können in den Bergen, am Meer oder besonderen Klimazonen variieren.

2026 sind unter den verschiedenen Planetenkonstellationen des Jahres besonders drei Aspekte zu unterstreichen:

- Die Neptun-Saturn-Konjunktion am Ende des Winters hat es seit dem sehr stürmischen Jahr 1703 nicht mehr gegeben.
- Die Pluto-Jupiter-Opposition Mitte Juli, die es zuletzt im Sommer 2013 gab, lässt starke Hitze erwarten.
- Das Trigon Pluto/Uranus Mitte Juli sowie Ende November entspricht dem überraschenden Jahr 1922 und lässt auf extremes Wetter schließen.

Anmerkung: Es besteht ein Zusammenhang zwischen Planetenkonfigurationen und bestimmten Wettertrends. Diese Verbindung wird durch den Klimawandel gestört und die Interpretation erschwert. Daher trennen wir diese Angaben vom Hauptinhalt des Mondkalenders, da die Interpretation variiert und lokal angepasst werden muss.

Die Eisheiligen

Die Eisheiligen oder „gestrengen Herren" verdanken ihren Namen dem häufigen Kälterückfall in der Zeit vom 11. bis 13. Mai (Mamertus, Pankratius, Servatius), mancherorts auch noch bis zum 14. und 15. Mai (Bonifatius und „kalte Sophie"). In vielen Gegenden ist hier der letzte Frühlingsfrost zu verzeichnen, wenngleich dieses Phänomen sich in den letzten Jahren immer weiter in den Norden zu verschieben scheint. **2026 ist nach den Planetenaspekten eine extreme Abkühlung in dieser Zeit eher unwahrscheinlich.**

Die chinesischen Jahreszeiten

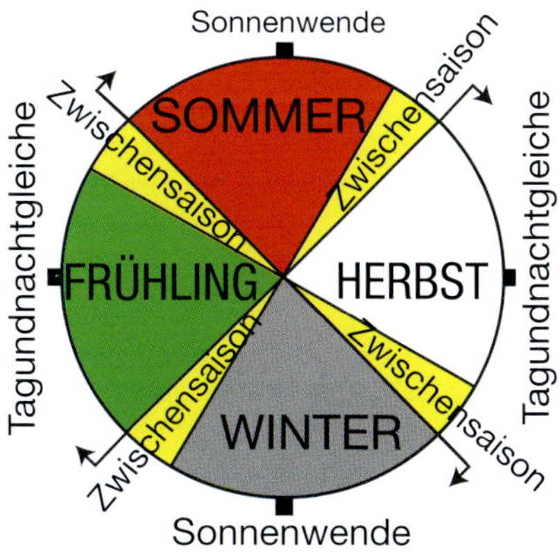

Das traditionelle chinesische Jahr zählt 12 Monate zu je 29 oder 30 Tagen, die immer an Neumond beginnen. Etwa jedes dritte Jahr wird ein dreizehnter Monat eingefügt, sodass der Jahresbeginn immer in den chinesischen Frühling, also zwischen den 21. Januar und den 20. Februar, fällt. Letzterer wird jedoch von der Sonne bestimmt und beginnt zwischen Wintersonnenwende und Frühlingstagundnachtgleiche. Zwischen jeder Jahreszeit liegt eine Zwischensaison von 18 Tagen, um den Übergang zu einer anderen Energie zu ermöglichen. Das Gesetz der 5 Elemente (Holz, Feuer, Erde, Metall, Wasser) und alle daraus folgenden Schlüsse stellen die Grundlage der gesamten chinesischen Kultur und auch ihrer Medizin dar (siehe unten). In jener kommt der Prophylaxe unter Berücksichtigung der Energierhythmen und -prozesse ein großer Stellenwert zu. Dabei wird versucht, den Schwachstellen eines jeden Menschen zum richtigen Zeitpunkt entgegen zu wirken. Die Akupunktur kennt dazu eine ebenso einfache wie wirkungsvolle Methode: Sie behandelt Organe in der Zwischensaison vor der ihnen entsprechenden Jahreszeit. Das Wissen um die chinesischen Jahreszeiten dient also besonders jenen, die sich mit der Energieheilkunde beschäftigen.

Am 17. Februar 2026 beginnt das chinesische Neue Jahr des Feuerpferdes

17. Januar: Beginn der Zwischensaison
4. Februar: Beginn des chinesischen Frühlings
17. April: Beginn der Zwischensaison
5. Mai: Beginn des chinesischen Sommers
20. Jul: Beginn der Zwischensaison
7. August: Beginn des chinesischen Herbstes
20. Oktober: Beginn der Zwischensaison
7. November: Beginn des chinesischen Winters

Sie finden diese Daten auch in den Monatskurven auf den Seiten 72–95.

ELEMENTE	HOLZ	FEUER	ERDE	METALL	WASSER
JAHRESZEIT	Frühling	Sommer	Zwischensaison	Herbst	Winter
HIMMELSRICHTUNG	Osten	Süden	Mitte	Westen	Norden
ORGAN	Leber	Herz	Milz	Lunge	Niere
VERDAUUNG	Gallenblase	Dünndarm	Magen	Dickdarm	Blase
GESCHMACK	Sauer	Bitter	Süß/mild	Herb/scharf	Salzig
FARBE	Blaugrün	Rot	Gelb	Weiß	Schwarz
SINNE	Sehsinn	Sprache	Geschmack	Geruch	Gehör
EMOTIONEN	Wut	Freude	Überlegung	Traurigkeit	Angst
ENERGIEN	Wind	Hitze	Feuchtigkeit	Trockenheit	Kälte

Geobiologie

Eine Pflanzung auf einer Kreuzung von Erdstrahlen schwächt: Der Baum windet oder spaltet sich, neigt zu Krebsgeschwüren und hat einen geringeren Fruchtertrag.

Die Geobiologie ist die Lehre der verschiedenen Erdenergien, Erdstrahlen, unterirdischen Wasserläufe, Spalten usw., die alles Leben – von den Pflanzen über die Tiere bis hin zum Menschen – beeinflussen.

In den letzten 50 Jahren gelang es Physikern und Radiästhesisten, bestimmte Einflüsse aufzuzeigen, die ein Ort bzw. der Erdboden auf das Wachstum und Verhalten von Pflanzen, Tieren und Menschen haben kann. Die Forscher Hartmann und Curry entdeckten verschiedene elektromagnetische Gitternetze.

Das sogenannte „**Hartmanngitter**" überzieht den Erdball gleich einem Fischernetz mit 20 cm breiten Streifen, die in der Nord-Süd-Achse 2 m und in der Ost-West-Achse 2,50 m voneinander entfernt sind. Ihre Auswirkungen sind nicht nur auf die Erdoberfläche selbst beschränkt, sondern auch noch in den obersten Etagen höchster Bauwerke vorhanden.

Die Linien des „**Currygitters**" sind 30–40 cm Zentimeter breit, weisen jedoch keine regelmäßigen Abstände auf. Viele Tiere (wie Hunde, Rinder, Pferde, Schweine, Rotwild, Wildschweine usw.) meiden besonders die Kreuzungen solcher Linien, während Katzen mit Vorliebe darauf schlafen. Ameisen bauen ihre Haufen und Schwalben ihre Nester über ihnen.

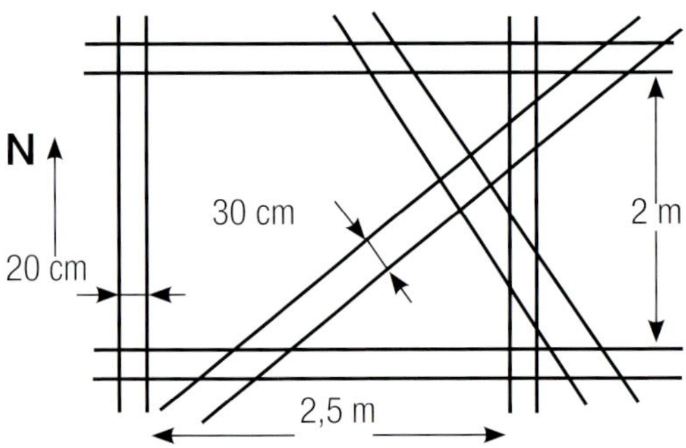

Menschen sollten vermeiden, sich allzu lange an solchen Orten aufzuhalten. Deshalb ist es wichtig, den Ort des Bettes, des Büros, aber auch des Lieblingssofas richtig zu wählen. Wir können davon ausgehen, dass Menschen, aber auch viele Pflanzen, die lange Zeit über solchen „Knoten" verweilen, über kurz oder lang dadurch geschwächt oder gar krank werden.

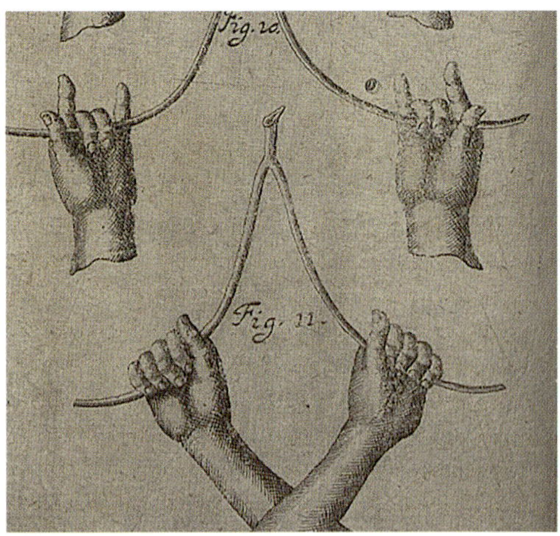

Wir sollten diese Umstände bedenken, wenn wir Bäume oder Büsche pflanzen und Behausungen für unsere Haustiere einrichten.

Vielleicht haben Sie selbst bereits Beobachtungen zu diesem Punkt angestellt. All diese Gitter können ohne größere Schwierigkeiten nach einer kurzen Einführung mittels einer Rute, eines Pendels, einer Hartmannantenne oder auch mit den bloßen Händen bestimmt werden.

ARBEITEN MIT DEM MOND

Jedes Mal, wenn wir die Erde bearbeiten, beeinflusst dies die bereits von der Pflanze erhaltenen „Informationen“, weshalb wir besonders darauf achten sollten, ob wir eher die Blätter, Wurzeln, Blüten oder die Früchte einer Pflanze begünstigen wollen. Dieses Kapitel bietet überdies wichtige Hinweise für alle, die Permakultur praktizieren.

Neben dem Mond vor den Sternbildern (Wurzeln, Blätter, Blüten, Früchte) berücksichtigen die Angaben in den Monatskurven (Seiten 72–95) auch Einflüsse wie Planetenaspekte, Mondknoten, Sternzeichen, Flut usw.

Der Boden

Im Wald finden wir das beste Beispiel für einen perfekten Boden. Die Biomasse erzeugt ständig neuen Humus, der den Boden düngt und riesigen Bäumen ermöglicht, ohne menschliches Zutun zu gedeihen. Waldböden sollten unserer Landwirtschaft daher als Modell dienen.

AUSSAAT UND MOND

Damit die Aussaat von den besten Mond- und Planeteneinflüssen profitieren kann, ist es wichtig, sie zu einem Zeitpunkt vorzunehmen, der dem Teil der Pflanze entspricht, den Sie ernten möchten (Früchte, Wurzeln, Blüten oder Blätter, siehe Liste auf S. 130), da eine Pflanze während ihrer Entwicklung ihre Aktivität mehr auf das Organ konzentriert, das mit der Konstellation in Verbindung steht, vor der der Mond zum Zeitpunkt der Aussaat stand. Bei Tomaten beispielsweise ist es daher ratsam, die Samen an einem „Fruchttag" zu säen, d. h. zu einem Zeitpunkt, an dem der Mond vor einem Sternbild des Feuers (Widder, Löwe, Schütze) steht. Die Pflanze wird dann ihre Entwicklung stärker auf die Fruchtbildung konzentrieren und einen höheren Ertrag erzielen. Werden die Tomaten hingegen vor einem anderen Sternbildtyp ausgesät, wird sie ihre Energie stärker auf die Teile konzentrieren, die mit diesen Sternbildern in Verbindung stehen, und somit eine weniger ertragreiche Ernte produzieren. Werden Tomaten am „Blatttag" (der dem Element Wasser entspricht) ausgesät, besteht sogar die Gefahr, dass sie mehr Pilzkrankheiten entwickeln.

Unsere Versuche haben gezeigt, dass die Aussaat hauptsächlich von den Konstellationen beeinflusst wird, aber auch Planetenaspekte, der Zyklus des zunehmenden/abnehmenden Mondes und andere Faktoren spielen eine wichtige Rolle bei der Aussaat. Es ist also die Synthese aller verschiedenen Mond- und Planeteneinflüsse, die es ermöglicht, wirklich den günstigsten Zeitpunkt für eine Aussaat zu bestimmen. Die Kurven auf Seite 72 bis 95 bieten eine Synthese in der Zeile „Anbau", wobei je mehr Sterne, desto günstiger der Zeitraum.

Entgegen einer weit verbreiteten Meinung ist es nicht gerechtfertigt, nur bei zunehmendem Mond zu säen. Unsere Versuche haben uns tatsächlich gezeigt, dass der Zyklus des auf- und absteigenden Mondes nur einen geringen Einfluss auf die Aussaat hat. Es wird sogar davon abgeraten, Pflanzen, die, wie Salat oder Zwiebeln, leicht austreiben, bei aufgehendem Mond zu säen. Für die Aussaat von Sommersalaten ist es zum Beispiel besser, den abnehmenden Mond mit einem „Blätterdatum" mit möglichst vielen Sternen zu kombinieren. Dadurch wird die Saatbildung verzögert.

Die Wahl des Aussaatdatums ist entscheidend für gute Ergebnisse. Wenn dieses Datum jedoch nicht kontrolliert werden kann (Kauf von Setzlingen, Wetter ...), können durch das Pikieren, Hacken ... zu einem guten Zeitpunkt bestimmte positive Einflüsse teilweise „wiedergewonnen" werden.

DER IDEALE BODEN LEBT

Zahlreiche Lebewesen tragen zum Gleichgewicht des Bodens bei. Sie wandeln organische und mineralische Stoffe um, sodass sie direkt von den Pflanzen aufgenommen werden können. Unzählige Mikroorganismen spielen eine wichtige Rolle bei der Umwandlung organischer Materie in Erde. Das gilt auch für Regenwürmer, die Humus erzeugen, der der Pflanzenwelt als Nahrungsspeicher dient.

Die komplexe Fauna der Böden ist also unabdingbar für ihre gute Qualität, weshalb sie durch Zufuhr frischer organischer Stoffe am Leben erhalten werden muss, um die Fruchtbarkeit der Erde zu gewährleisten oder zu verbessern.

BODENBEDECKUNG

Auch im Herbst ist der Wald „vorbildlich". Waldboden ist nie nackt. Er wird immer durch neues Laub und andere organische Stoffe genährt und bleibt daher auch immer fruchtbar. Walderde wird nie bearbeitet, ist aber ständig bedeckt. Für gute Böden sollten wir versuchen, dem Waldprinzip zu folgen, indem wir sie mit organischen Stoffen bedecken, wann immer dies möglich ist. Die Fruchtbarkeit unseres Bodens hängt vom Leben ab, das er beherbergt. Bodenorganismen wollen jedoch genährt und geschützt sein. Eine Decke aus Pflanzenmaterial erfüllt genau diese beiden Bedingungen. In nackter Erde versickert Wasser viel schneller, die Sonne oxidiert die Erde und zerstört die Mikroorganismen an der Oberfläche. Solche Böden sind natürlich wesentlich anfälliger für Erosion und Verdichtung durch Unwetter. Auch dagegen schützt eine natürliche Bodenbedeckung. Der Boden kann mit Stroh, Rasen, Heu, Laub, Holzschnitzeln, Farn und diversen Gemüseabfällen bedeckt und genährt werden. Dabei darf jedoch das Gleichgewicht von Kohlen- und Stickstoff nie außer Acht gelassen werden. Während trockenes Material wie Heu oder fragmentiertes Zweigholz den Boden länger bedecken, sind frische organische Pflanzenreste reicher an Stickstoff. Beste Mulchergebnisse werden demnach durch ein Gemisch aus verschiedenen Stoffen erzielt, die den Boden zugleich bedecken und nähren. So kann frisches Gras z. B. recht gut mit trockenem Heu vermengt werden.

MULCHEN

Obwohl viele Pflanzen verwendet werden können (Stroh, Rasenschnitt, Heu, Laub, zerkleinertes Gestrüpp, Farn, Küchenabfall ...), ist es sinnvoll, auf das Kohlenstoff-Stickstoff-Verhältnis zu achten, um den Boden möglichst bedarfsgerecht anzureichern. Trockenes Material ist reicher an Kohlenstoff und hat den Vorteil, dass es länger hält (Stroh, Reisig usw.), wohingegen frisches, stickstoffreicheres Material (frisches Gras, grüne Blätter usw.) schneller in den Boden integriert wird. Der ideale Mulch ist eine Mischung aus verschiedenen Stoffen.

So schützt und nährt eine Mischung aus Stroh und Rasenschnitt gleichzeitig.

Im Idealfall sollte der Boden ständig bedeckt sein. Nur Böden, die sich schwer erwärmen oder bei Aussaat, die von Schnecken gefressen werden könnte, ist es besser, im Frühjahr nicht zu viel Mulch zu verwenden. Die Mulchschicht sollte nicht zu früh eingearbeitet werden. In jedem Fall ist Mulchen im Sommer sehr empfehlenswert, da es den Boden schützt und die Feuchtigkeit bewahrt, während es gleichzeitig die biologische Aktivität fördert und Unkräuter eindämmt.

- **Für eine bessere Belüftung des Mulchs:** legen Sie ihn am besten in den Zeiträumen **a, b, c, d, i, j, k** oder **l** an (siehe Überlagerungen von Zeichen und Konstellationen in den Kurven auf Seiten 72–95).
- **Für eine schnellere Zersetzung des Mulchs** ist es besser, ihn in der **t**-Periode zu verteilen. Dies hat den Vorteil, dass der Boden schneller ernährt und angereichert wird.

GRÜNDÜNGER

Zwischen verschiedenen Anbauzyklen oder auch einzelnen Pflanzenreihen können Pflanzen gesät werden, die den Boden bereichern und zugleich vor Erosion und Oxidierung schützen, z. B. Klee, Phacelien, Raps, Senf, Hafer, Roggen, Buchweizen, Lein, Erbsen, Wicken, Spinat. Soll möglichst viel Blattwerk wachsen, wird an „Blättertagen", für einen lockeren Boden an „Wurzeltagen" gesät.

Kompost

Beim Kompostieren werden tierische und pflanzliche Abfälle durch einen Zersetzungsprozess in ein lebendes und leicht von den Mikroorganismen des Bodens aufnehmbares Produkt umgewandelt. Die Bestandteile müssen dazu richtig dosiert sein. Optimal ist eine Mischung aus Pflanzenabfällen und tierischen Exkrementen.

Zur Aktivierung ist es immer günstig, Brennnesseln (ohne Samen) oder Beinwell direkt oder in Jauchenform beizumischen. Guter Kompost muss während des Umwandlungsprozesses gut mit Sauerstoff versorgt werden, darf nicht zu kompakt sein und sollte am Ende locker sein und angenehm nach Humus riechen. Dazu sollte der Komposthaufen ein oder zwei Mal während des Reifungsprozesses umgestochen werden. Während Kompost in größeren Mengen in der Landwirtschaft besser in Haufen gereift wird, kann es im kleineren Rahmen eines Gemüsegartens durchaus auch von Vorteil sein, Pflanzen- und Gemüsereste direkt auszubringen. Frische organische Stoffe nähren die verschiedensten Bodenorganismen, insbesondere, wenn sie von einer Mulchschicht bedeckt sind. Diese Technik trägt nicht nur zur Fruchtbarkeit bei, sondern reduziert auch das Volumen nicht so stark, wie dies bei Komposthaufen der Fall ist, da beim Fermentierungsprozess viel Kohlendioxid freigesetzt wird. **Kompost und Mist werden am besten bei absteigendem Mond an den orangen Tagen ausgebracht.**
Zum Bearbeiten des Komposts ist der richtige Zeitpunkt von besonderer Bedeutung. In der untenstehenden Tabelle haben wir alle Faktoren für eine gute Komposterzeugung in Betracht gezogen.

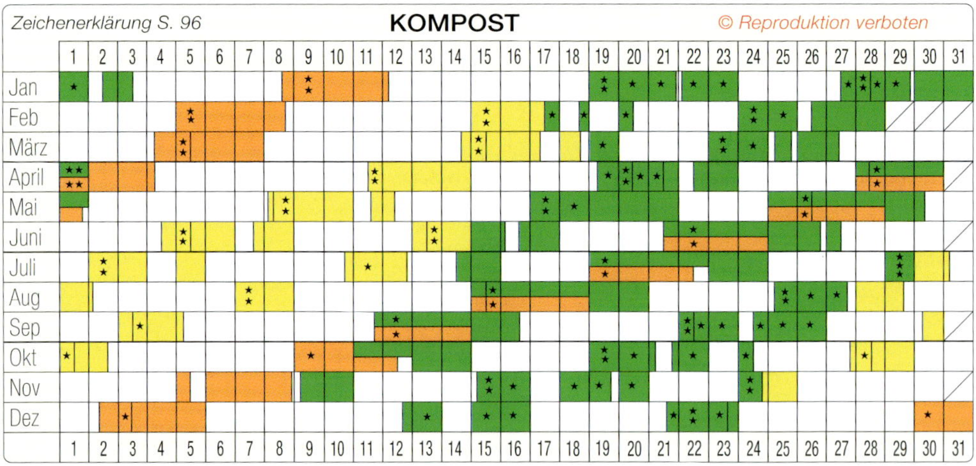

- Die grünen Tage eignen sich besonders für das Aufhäufen und Wenden des meist gewünschten stark hitzigen Komposts.
- Die gelben Tage sind dem weniger hitzigen Kompost vorbehalten.
- Die orangen Tage eignen sich für oberflächliche Kompostarbeiten.

Dünger

Düngemittel werden am besten bei absteigendem Mond ausgebracht. Wird durch Arbeit mit Gründüngern und Kompost das Gleichgewicht des Bodens gewahrt, erübrigt sich oft weiteres Düngen.

- **Mist und Kompost:** siehe Seite 26.

- **Pflanzenjauche:** siehe Seite 28.

- **Dünger:** Am besten in den Perioden n, o, r, s, t, u, v, w und, wenn möglich, bei zunehmendem Mond ausbringen.

- **Blattdünger:** In den Perioden a, b, c, d, e, f, i, j, k, l, m und, wenn möglich, bei abnehmendem Mond versprühen. Generell eignet sich hier der Vormittag besser, außer es ist heiß und trocken.

- **Schweinemist und Jauche:** Für bessere Aufnahme bei absteigendem Mond ausbringen. Um Verbrennungen des Gemüses durch diesen scharfen Mist zu vermeiden, sollte er bei aufsteigendem und, wenn möglich, zunehmendem Mond verteilt werden, und zwar am besten in den Perioden a, b, c, d, e*, f*, i, j, k, l, m*. Durch Zusatz von Lithotam (30 kg/t) wird die Säure reguliert; starke Hitze und Frost sind zu vermeiden.

- **Wurmkompost:** Die Verarbeitung von Kompost durch Regenwürmer ist einfach umzusetzen. Im Gegensatz zum kompakten Komposthaufen vermeiden sie den Verlust organischer Stoffe durch Gärung und begünstigen Mikroorganismen. Der nährstoffreichere Wurmkompost ist geruchsarm und kann daher auch innen erzeugt werden (Idealtemperatur 20 °C). So kann auch sehr fruchtbarer Flüssigdünger in Form von Kompostsaft hergestellt werden.

- **Komposttee:** Diese von Elaine Inghaim in den USA entwickelte Methode ermöglicht es, die im Kompost enthaltenen Mikroorganismen zu isolieren und zu vermehren. Werden sie auf Pflanzen gesprüht, breiten sie sich auf den Blättern aus und wirken schädlichen Mikroorganismen entgegen. Komposttee wird daher erfolgreich zur Pilzbekämpfung eingesetzt, aktiviert das Leben im Boden und ist ein ausgezeichneter Dünger.

Herstellung: In einem zu drei Vierteln mit Regen- oder Quellwasser gefüllten Fass werden in einem (400 Mikron) feinen Stoffsack 1 kg/50 l Wurmkompost (oder auch gut gereifter Haufenkompost) eingelegt. Für die Entwicklung aerober Mikroorganismen muss die Mischung ständig durch eine Pumpe mit mindestens zwei Luftausgängen versorgt werden, wovon ein Schlauch 24 Stunden lang in den Sack und der zweite ins Fass blasen sollte. Dem Wasser wird anfangs auch Biorohrzuckermelasse (125 g/50 l) als Nahrung zugesetzt, damit sich die Mikroorganismen bei einer Idealtemperatur von 22 °C schnell vermehren. Um die Wirksamkeit des Tees zu verbessern, kann auch ein Esslöffel Huminsäure, Algen (Spirulina, Chlorella etc.) oder Lebertran zugesetzt werden.

Anwendung: Früh am Morgen an den auf Seite 30 angeführten Daten mit der Herstellung beginnen und in 50%iger Verdünnung früh am nächsten Morgen versprühen. Monatlich wiederholen.

Pflanzenjauche und -tee

Pflanzliche Jauchen und Tees sind biologische Mittel zur Düngung und Krankheitsbekämpfung. Die bekanntesten werden aus Brennnessel und Beinwell hergestellt, doch können ebenso Schachtelhalm, Kamille, Ringelblume, Schafgarbe, Löwenzahn u. a. verwendet oder gemischt werden.

Zubereitung von Pflanzenjauche: Fast alle Pflanzen werden dazu auf die gleiche Weise verarbeitet. In einem Behälter aus Holz oder Ton, eventuell auch aus Plastik – nicht jedoch aus Metall –, werden etwa 1 kg der frisch gehackten Pflanzen mit 10 Teilen Wasser vermengt; sie gären dann 1 bis 4 Wochen. Gelegentliches Umrühren beschleunigt den Gärprozess. Vor der Verwendung wird die gefilterte Jauche mit 10 bis 20 Teilen Wasser verdünnt.
Tipp: Die Jauche ist leichter zu filtern, wenn die Pflanzen in Jutesäcken im Wasser eingelegt werden.

Brennnesseljauche: Die Brennnessel ist eine äußerst reiche Pflanze, insbesondere an Stickstoff und Eisen. Ihre Jauche wird als Dünger verwendet, indem man sie drei Wochen lang einweichen lässt und dann mit 5 bis 10 Teilen Wasser verdünnt auf dem Boden oder mit 10 bis 20 Teilen Wasser verdünnt auf den Blättern ausbringt. Zur Vorbeugung von Pilzkrankheiten wird sie nach nur 1-wöchiger Gärung mit 10 bis 20 Teilen Wasser verdünnt direkt auf das Blattwerk verspritzt.

Beinwelljauche: Beinwell ist reich an Pottasche und Bor und kann als Absud (ausgekocht) verwendet werden, um die Weiße Fliege zu bekämpfen. Vor allem hat er jedoch als Düngemittel (besonders bei Nachtschattengewächsen und Kürbissen) Bedeutung. Er kann entweder frisch auf dem Boden verteilt, verwelkt eingearbeitet oder aber auch als Jauche versprüht werden. Diese wird 2 bis 4 Wochen vergoren und dann mit 10 Teilen Wasser verdünnt auf den Boden oder in 20-facher Verdünnung direkt auf die Blätter gespritzt.

Kompostjauche: Diese Jauche wird hergestellt, indem 1 Teil fertiger Kompost mit 10 Teilen Wasser vermischt und 1 bis 2 Wochen vergoren wird. Wird sie auf das Blattwerk versprüht, ist sie besonders wirksam gegen Pilzkrankheiten. Sie tötet einerseits die Sporen der Pilze ab und stärkt andererseits das Immunsystem der Pflanze.

Herstellung von Pflanzenjauche

Aufgrund neuer Beobachtungen haben sich die für die Herstellung von Pflanzenjauche günstigen Termine zu einer einzigen Gruppe mit mehreren Terminen entwickelt.
Günstige Tage zur Herstellung sind im **MÄRZ:** 2.vm.*, 2.nm., 21., 23.*, 24.vm., 29.*, 31. **APRIL:** 1., 18., 20., 21., 25.*, 26.vm., 27., 28., 29., 30. **MAI:** 18., 22.vm.*, 24., 25., 26., 27. **JUNI:** 19.vm.*, 20., 21., 22., 23., 29.nm. **JULI:** 16.*, 17., 18., 19., 20., 21., 27., 28., 29. **AUGUST:** 14., 15., 16., 17.*, 23., 24., 25., 26., 27. **SEPTEMBER:** 11., 12., 13.vm., 19., 20.nm., 21.vm., 21.nm.*, 22., 23. **OKTOBER:** 11., 18., 19., 20. (vm. = vormittags; nm. = nachmittags; am besten an Tagen mit *). Beste Ergebnisse werden erzielt, wenn auch die steigende Flut (Seite 19) berücksichtigt wird.

Anwendung

- Düngejauchen werden am besten bei abnehmendem und, wenn möglich, aufsteigendem Mond angewandt.
- Gegen Pilzkrankheiten wird Jauche am besten bei absteigendem und, wenn möglich, abnehmendem Mond versprüht.

Wirkstoffe bestimmter Pflanzen können Krankheiten und Insektenbefall vorbeugen oder entgegen wirken. Sie werden als Jauche, Absud, Tee oder Mazeration verdünnt angewandt. Vor dem Versprühen 3 bis 5 Minuten umrühren. Der Strudel dynamisiert die Mischung.
Beispiel: Tee + 4 W = 1 Teil Tee verdünnt mit 4 Teilen Wasser = 20%ige Konzentration.

PFLANZEN ZUR PILZBEKÄMPFUNG

Bohnenkraut	Brennnessel	Meerrettich	Rainfarn	Schachtelhalm	Zwiebel

Tee + 4 W - Echter Mehltau - Rostkrankheit - Schorf	Jauche + 6 W - Echter Mehltau - Falscher Mehltau - Fruchtfäule	Absud + 4 W - Fruchtfäule - Kräuselkrankheit	Mazeration oder Tee + 4 W - Falscher Mehltau - Rostkrankheit	Mazeration (3–4 Tage) + 4 W - Echter Mehltau - Falscher Mehltau - Fruchtfäule	Tee + 4 W - Echter Mehltau - Falscher Mehltau - Kräuselkrankheit

PFLANZEN ZUR INSEKTENBEKÄMPFUNG

Farn	Holunder	Knoblauch	Rainfarn	Tomate	Wucherblumen

Jauche + 10 W - Schnellkäfer - Schorf	Tee + 4 W - Blattläuse - Flohkäfer - Fransenflügler	Mazeration (3–4 Tage) + 6 W - Blattläuse - Milben - Zwiebelfliegen	Absud + 6 W - Blattläuse - Milben - Zwiebelfliegen	Mazeration (3–4 Tage) + 6 W - Flohkäfer - Weißlinge	Mazeration (1 Tag) + 4 W - Blattläuse - Milben - Mottenschildläuse

PFLANZEN ALS INSEKTENREPELLENTIEN

Efeu	Kapuzinerkresse	Lavendel	Weinraute	Wermut	Wolfsmilch

Mazeration (3–4 Tage) + 10 W - Blattläuse - Milben - Mottenschildläuse	Absud + 3 W - Blattläuse - Milben - Zwiebelfliegen	Tee + 6 W - Ameisen - Blattläuse	Mazeration (6 Tage) + 1 W - Nagetiere	Tee oder Absud + 6 W - Blattläuse - Nacktschnecken - Weißlinge	Mazeration (5 Tage) + 6 W - Maulwürfe - Nacktschnecken

PFLANZEN ZUR PFLANZENSTÄRKUNG (Mikroorganismen und Abwehrkraft)

Beinwell	Brennnessel	Kamille	Klette	Löwenzahn	Schafgarbe

Tee oder Jauche + 6 W	Tee oder Jauche + 4 W	Absud + 10 W	Tee + 3 W	Tee oder Jauche + 4 W	Mazeration (2–3 Tage) + 4 W

Pilzkrankheiten

In der Regel können Pilzkrankheiten durch ein gutes Bodengleichgewicht (gesunde Mikroorganismen und Wurzeln) vermieden werden.
Gute Bodenaktivität schützt die Pflanzen vor den meisten Erkrankungen.

• Zur Pilzbehandlung wird am besten an den in der Tabelle auf Seite 31 angegebenen Daten gesprüht.

• Generell gilt ein leicht erhöhter Blatt-pH-Wert als sauer, was die Gesundheit der Pflanze fördert. Wasser mit einem pH-Wert von 5 bis 6 erhöht also die Wirksamkeit einer Behandlung. Dazu kann etwas Vitamin C oder Apfelessig beigemischt werden (nur nicht bei Natronbehandlungen). Den Säurewert mit pH-Streifen testen (siehe Wasser Seite 35).

ÄTHERISCHE ÖLE: Auf die Blätter gesprüht stimulieren sie die Pflanzen und beugen vielen Krankheiten vor. Gegen die Kräuselkrankheit beim Pfirsich kann eine Mischung aus Berg-Bohnenkraut- und Thymian-Öl verwendet werden. Diese Mischung wird vorbeugend auf das Laub gesprüht, sobald die Blätter austreiben. Dies kann mehrmals im Frühjahr wiederholt werden, vor allem nach Regenperioden, die die Entwicklung dieser Pilzkrankheit begünstigen.

KOMPOSTTEE (gegen Pilzkrankheiten)
Beste Daten zur Herstellung
MÄRZ: 12., 13., 14., 15., 16., 21., 23.**, 24.**. **APRIL:** 9., 10., 11., 12., 13., 18.*, 20.*, 21.vm.*. **MAI:** 6., 7., 8., 9., 10., 17.vm., 18.*. **JUNI:** 2., 3., 4., 5., 6., 12., 13., 14., 30. **JULI:** 1., 2., 3., 9., 10., 11., 12., 27.*, 28.*, 29.*, 30. **AUGUST:** 5., 6., 7., 8., 23.*, 24.*, 25.*, 26.*, 27.*. **SEPTEMBER:** 2., 3., 4., 19.*, 21.*, 22.*, 23.*, 29., 30. (Zur Herstellung siehe Seite 27.)

PFLANZENEXTRAKTE (siehe Liste Seite 29): Für die folgenden Zubereitungen werden mindestens 100 g frischer Pflanzen auf einen Liter Regen- oder Quellwasser verwendet (d. h. 1 kg/10 l Wasser). Während die Jauche länger haltbar ist, sollten die anderen Mischungen in wenigen Tagen verwendet werden. Je nach Anwendung können sie direkt auf die Blätter gesprüht oder aber am Boden vergossen werden. Die beste Wirkung wird an den in der Tabelle auf der nächsten Seite angegebenen Tagen erzielt.

• **Pflanzenjauchen:** Siehe nächste Seite.

• **Pflanzentee:** Vor dem Erhitzen können die Pflanzen ein paar Stunden im Wasser ziehen. Vom Herd nehmen, sobald das Wasser köchelt. Vor dem Absieben zugedeckt abkühlen lassen.

• **Pflanzenabsud:** Die Pflanzen zugedeckt etwa 15 bis 30 Minuten lang köcheln lassen (je nachdem, wie holzig sie sind). Vor dem Absieben zugedeckt abkühlen lassen.

• **Pflanzenmazeration:** Die Pflanzen 1 bis 5 Tage kalt ziehen lassen, bevor sie gefiltert werden.

GRAPEFRUITKERNEXTRAKT ist ein ausgezeichnetes Pilzbekämpfungsmittel. Die Pflanzen mit einer Mischung aus 40 bis 50 Tropfen/l Regenwasser besprühen und alle 10–15 Tage und nach Regenfällen erneuern.

NATRON stimuliert und bringt kalkhaltige Böden wieder ins Gleichgewicht, was zahlreiche Krankheiten bekämpft. Einige Wochen vor der Aussaat in einer 20 bis 50 g/l Wasser Verdünnung bei Tau auf den Boden sprühen.

HOLZKOHLE hat eine reinigende Wirkung auf den Boden. Zur Vermeidung von Keimlingsfäule werden 100 bis 150 g/m^2 Pulver zermahlener (unbehandelter) Holzkohle vor der Aussaat verteilt.

Pilz- und Insektenbekämpfungsmittel

Im Sinne des Umweltschutzes und einer besseren Erntequalität raten wir zu natürlichen Mitteln. Hier kann neben den zuvor erläuterten Mitteln, Pflanzentee, -absud, -mazeration oder -jauche, auch mit Kompostjauche oder -tee vorgebeugt werden, die alle verdünnt auf die Blätter gesprüht werden.

Sowohl Pflanzenjauchen als auch Absud können mit Schwefelsulfat vermischt werden, um die Wirksamkeit zu erhöhen und die Dosis des letzteren zu verringern. In der Folge finden Sie die besten Daten für die Anwendung von Pilz- und Insektenbekämpfungsmitteln. So kann die Dosis (auch natürlicher Mittel) bei gleichbleibender Wirkung reduziert werden. Die folgenden Daten stellen eine Zusammenfassung der besten Aspekte für eine verstärkte Wirkung dieser Produkte dar. Je mehr Sterne bei einem Datum stehen, desto besser eignet es sich.

Zeichenerklärung S. 96

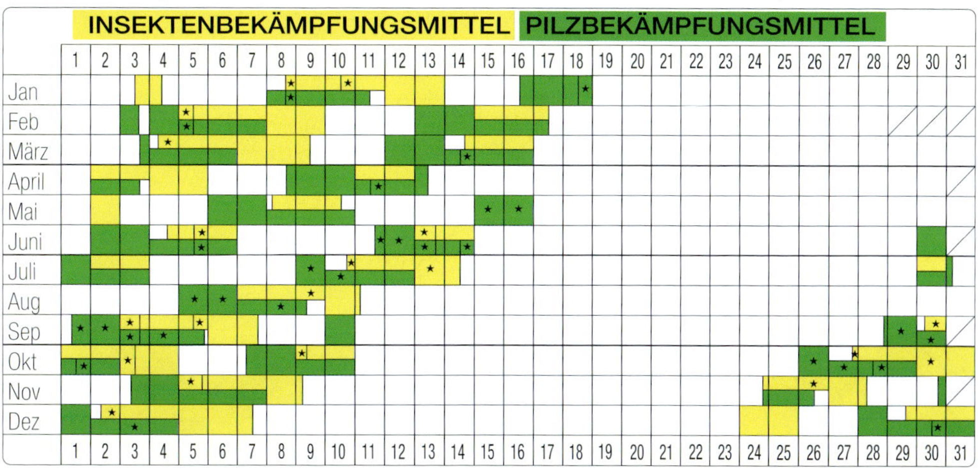

- (gelb) Gute Daten zum Versprühen von Insektenbekämpfungsmitteln, die frühmorgens oder abends am wirksamsten sind. Unsere Vergleichstests zeigten keinen wesentlichen Unterschied zwischen beiden. Da die Bienen morgens jedoch aktiver sind, empfehlen wir eher eine Behandlung am Abend.
- (grün) Gute Daten zum Versprühen von Pilzbekämpfungsmitteln, die abends am wirksamsten sind.

SCHMIERSEIFE ist eines der wirksamsten und zugleich natürlichsten Mittel gegen Blattläuse. Dazu genügt ein Gemisch aus 5 Esslöffeln Schmierseife und 1 l lauwarmem Wasser. Morgens oder abends auf (und auch unter) die Blätter versprühen. Je nach Befall ein oder ggf. zwei Mal wiederholen.

Unkraut

Natur und Beschaffenheit des Bodens stehen in direkter Verbindung zu den dort wachsenden Pflanzen. Unkraut ist ein Zeichen für ein Ungleichgewicht des Bodens. Schlecht gedüngter, zu saurer oder zu fester Boden fördert Unkrautwuchs, der durch ein besseres Bodengleichgewicht im Zaum gehalten werden kann.

Unkraut ist ein recht relativer Begriff, da es keine unnützen Pflanzen in der Natur gibt. Jede Pflanze hat ihre Rolle und Aufgabe. Ein ausgewogener Boden trägt dazu bei, dass keine einzelnen Arten überhandnehmen. Unkraut ist also ein ausgezeichneter Indikator für die Bodenbeschaffenheit.

• KEIMFÄHIGKEIT BEGÜNSTIGEN

Im Mond vor bestimmten Sternbildern keimen Samen leichter und schneller. Diese Daten sollten also für ein falsches Saatbeet berücksichtigt werden. Wird der Boden an diesen Tagen bearbeitet, unterstützt dies das Aufkeimen von Unkrautsamen. Sie können völlig entfernt werden, wenn der Boden vor der echten Aussaat oberflächlich bearbeitet wird.

• KEIMFÄHIGKEIT MINDERN

Durch Bodenarbeit gelangen Unkrautsamen ans Licht und beginnen zu keimen. Bestimmte Mondeinflüsse können diese Keimbereitschaft mindern. Diese Daten sollten gewählt werden, wenn der Boden danach längere Zeit nicht bearbeitet werden kann.

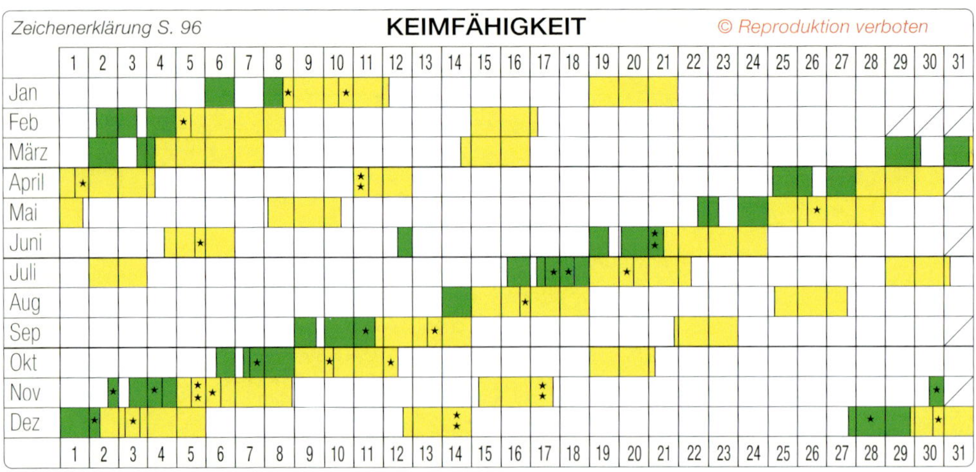

Begünstigt die Keimfähigkeit (falsches Saatbeet)

Mindert die Keimfähigkeit

• BEKÄMPFUNG VON MEHRJÄHRIGEM UNKRAUT

Disteln, Farn, Winden, wilder Sauerampfer usw. Um invasives Unkraut nachhaltig zu bekämpfen, sollte es zu den in der folgenden Tafel orange gekennzeichneten Zeitpunkten geschnitten oder ausgerissen werden.

Der Boden sollte nicht zu nass bearbeitet werden, um ihn nicht zu verdichten, was besonders den Wuchs von Disteln und Winden fördert.

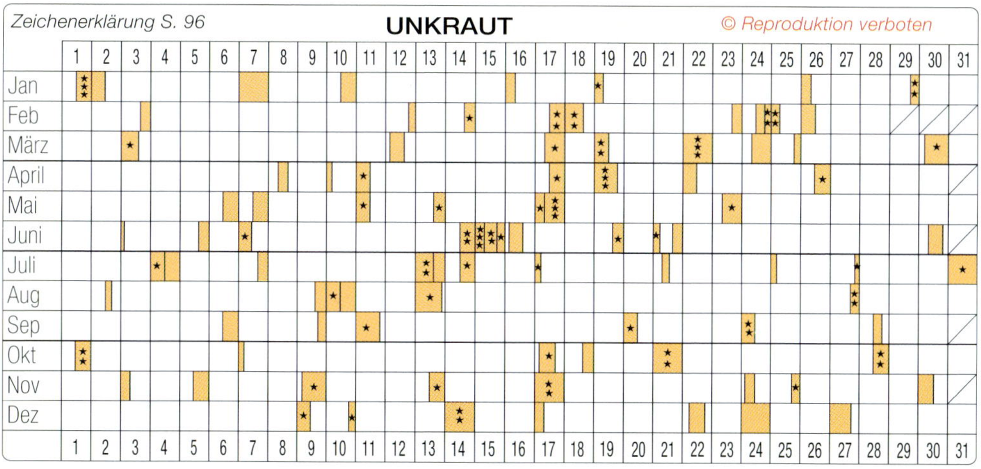

• BEKÄMPFUNG VON EINJÄHRIGEM UNKRAUT

Einjähriges Unkraut sollte unbedingt vor der Blüte eliminiert werden, um eine weitere Verbreitung zu verhindern. Es kann danach ohne Weiteres als natürliche Bodenbedeckung verwendet werden und so organische Nährstoffe zuführen.

AMBROSIA: Die aus Nordamerika stammende Ambrosia ist eine sehr invasive Pflanze, deren im Spätsommer freigesetzte Pollen für den Menschen hochallergen sind. Die Ambrosia entwickelt und vermehrt sich sehr leicht in zahlreichen Umgebungen (Acker- und Brachland, Straßenränder, Baustellen usw.) und ihr Verbreitungsgebiet nimmt von Jahr zu Jahr zu. Wenn Sie eine Ambrosiapflanze sehen, müssen Sie sie schnell entfernen.

Um die Pflanze besser zu identifizieren und ihren Standort zu melden, finden Sie alle Informationen auch auf Deutsch auf www.ambroisie-risque.info (Bildquelle Observatorium für Ambrosia)

DORNENGESTRÜPP und Brombeeren sollten an einem Perigäum (im Idealfall bei absteigendem Neumond, wie z. B. zwischen dem 14. Juni und 13. Juli) entfernt werden.

Im Gemüsegarten

Jedes Mal, wenn wir die Erde bearbeiten, beeinflusst das die bereits von der Pflanze erhaltenen „Informationen", weshalb wir besonders darauf achten sollten, ob wir dadurch eher die Blätter, Wurzeln, Blüten oder die Früchte einer Pflanze begünstigen wollen.

DAS GEWÜNSCHTE ENDRESULTAT ist für den richtigen Zeitpunkt der Aussaat von besonderer Bedeutung. So werden Radieschen an einem Tag mit einem Wurzelsymbol, Tomaten an einem „Fruchttag", Spinat an einem „Blättertag" und Brokkoli an einem „Blütentag" gepflanzt (siehe Seite 98).

VERMEIDEN Sie die in den Monatskurven rot und durch (–) gekennzeichneten Zonen für jegliche Gartenarbeit (siehe Seiten 72–95).

AUSSAAT (siehe auch Seite 25): Unsere Versuche haben gezeigt, dass die Aussaat hauptsächlich von den Konstellationen und Planetenaspekten beeinflusst wird und dass der ab- und zunehmende Mond eine größere Rolle spielen als der auf- und absteigende. Am besten wird in den Phasen ausgesät, die dem Ernteziel der Pflanze entsprechen (Wurzeln, Blätter, Blüten, Früchte). Die Sterne in der Anbaukurve sind eine Synthese der verschiedenen Mond- und Planeteneinflüsse (siehe Seite 71 ff.)

Eine Aussaat am Morgen ist ebenso vorteilhaft (siehe Tagesrhythmen auf der nächsten Seite).

Kann der ideale Zeitpunkt nicht eingehalten werden (Kauf von Setzlingen, Wetter ...), kann dies durch Pikieren und Bodenarbeit zum richtigen Zeitpunkt zum Teil wieder korrigiert werden.

AUSPFLANZEN UND PIKIEREN: Nachmittags bei absteigendem Mond, an dem Ernteziel entsprechenden Tagen (Frucht, Wurzel, Blüte, Blatt).

JÄTEN, HACKEN, HÄUFELN: Der Boden sollte an den dem jeweiligen Gemüse entsprechenden Tagen bearbeitet werden. Wurde Salat schon an einem Blättertag gesät, verstärkt dies noch den positiven Effekt. Ein unbekanntes oder ungünstiges Aussaatdatum kann dadurch wieder ausgeglichen werden.

- Bei trockenem Wetter: den Boden am Abend der mit **b, e, f, j, n, o, s, u, v, w** gekennzeichneten Phasen bearbeiten.
- Bei feuchtem Wetter: den Boden am Morgen der mit **a, c, d, i, k, l, m, q, r, t** gekennzeichneten Phasen bearbeiten.

GIESSEN: Um allzu oberflächliche Verwurzelung zu verhindern, gießt man seltener, aber dafür ausgiebiger. Der absteigende Mond eignet sich dafür ganz besonders gut. Am besten gießt man in den Perioden **m, n, s, t, u, v**, während die **q**-Tage gemieden werden sollten.

MULCHDECKE: Eine Mulchdecke schützt den Boden vor Trockenheit und Unkraut (siehe auch Seite 25).

BODENBEARBEITUNG: Es ist wichtig, den Boden zu lockern, ohne ihn jedoch dafür zu wenden (siehe Seite 24). Dafür gibt es heute eigene Grabegabeln (Aero- oder Grelinette-Gabeln).

CHICORÉE: wird an „Wurzeltagen" gesät und gepflegt, um zunächst das Wurzelwachstum zu begünstigen. Dann erst werden die Pflanzen bei absteigendem Mond und an einem „Blättertag" ausgegraben, eingeschlagen und schließlich vorgetrieben, um schönen Chicorée zu bekommen.

ERDBEEREN: werden am besten in den Perioden q, r gepflanzt (siehe Seiten 72–95), wie zum Beispiel am Vormittag des 9. September.

KARTOFFELN: Kartoffeln sollten an einem vom Perigäum möglichst weit entfernten „Wurzeltag" gepflanzt werden. Um Saatkartoffeln zu erhalten, sollten sie in den Perioden i, j gepflanzt werden. Um das Angrünen der Kartoffeln zu vermeiden, werden die Pflanzen am besten bei abnehmendem Mond an einem Wurzeltag und, wenn möglich, bei sinkender Flut angehäufelt.
Kartoffeln werden am besten bei abnehmendem Mond in den Perioden s, t, u entkeimt.

SALAT: Bis Juli sollte Salat bei abnehmendem Mond an einem Blättertag gesät werden, um das Schießen zu vermeiden. Im Herbst fällt die Energie ganz allgemein. Um diese Tendenz auszugleichen, kann Salat hier auch bei zunehmendem Mond, aber immer noch an „Blättertagen" gesät werden.

WASSER

Die Qualität des Wassers ist besonders wichtig für die Pflanzen. Leitungswasser ist leider manchmal gechlort, was weder den Bedürfnissen der Pflanzen noch der Mikroorganismen im Boden entspricht.

Gesunde Pflanzen weisen einen leicht sauren pH-Wert in den Blättern auf. Für Blattbehandlungen ist demnach Wasser mit einem pH-Wert zwischen 5 und 6 ideal. Das steigert die Wirksamkeit der Mittel und ermöglicht eine Verminderung der Dosis.

Regen- und Quellwasser sind meist eher sauer. Der pH-Wert kann mit Teststreifen und durch Zugabe von etwas Vitamin C oder Apfelessig reguliert werden.

„Dynamisiertes" Wasser ist in der Regel wesentlich stimulierender für Pflanzenwuchs als stehendes Wasser. Die Wirksamkeit einer Behandlung kann durch Umrühren des Wassers und eine gewisse Wirbelerzeugung erhöht werden.

Die Tagesrhythmen

Im Laufe eines Jahres wandeln sich die Energien der Erde mit den Jahreszeiten. Im Frühling steigt die Sonne, die Erde atmet gleichsam Energie aus; im Herbst, wenn der Lauf der Sonne immer tiefer sinkt, atmet die Erde wieder ein. Die Kräfte des aufsteigenden und absteigenden Mondes sind damit vergleichbar. Das Gleiche gilt aber auch für die Energien eines einzelnen Tages:

– **Am Morgen** steigt die Energie, die Erde atmet aus. Das ist die geeignete Zeit zu säen, bei feuchtem Wetter zu jäten oder Blatt- oder Fruchtteile zu ernten.

– **Am Nachmittag** sinkt die Energie und die Erde atmet ein. Jetzt pflanzen oder pflügen wir, jäten bei trockenem Wetter und ernten Wurzeln. Da die Mittagszeit (12–15 Uhr) in eine Umstellungsphase fällt, sollten hier wichtigere Arbeiten vermieden werden.

Fruchtwechsel

Jede Pflanze braucht Nährstoffe in unterschiedlicher Menge. Je nach Bedarf suchen die Wurzeln sie in den verschiedenen Erdschichten. Wird immer dieselbe Pflanzenart oder -familie an derselben Stelle angebaut, so stört dies nicht nur das natürliche Gleichgewicht des Bodens, dem bestimmte Stoffe völlig entzogen werden, sondern es treten auch vermehrt Schädlinge, Krankheiten und Unkräuter auf.

Beim Fruchtwechsel geht es darum, den Anbau von Pflanzen verschiedener Vegetationszyklen und Bedürfnisse aufeinanderfolgen zu lassen, damit der Boden sich wieder regenerieren kann und nicht ausgeblutet wird. Gut gedüngte und reiche Böden benötigen zwar weniger Fruchtwechsel, doch sollte man in der Regel zwischen drei und fünf Jahre verstreichen lassen, um den Anbau von Gemüse an derselben Stelle zu wiederholen. Von dieser Regel sind Pflanzen mit kurzen Vegetationszyklen (wie z. B. Salat, Spinat oder Radieschen) ausgenommen. Bei anderen jedoch, die mehrere Jahre an einer Stelle bleiben (wie z. B. Artischocken, Erdbeeren oder Spargel), muss diese Zeitspanne natürlich verlängert werden. Tomaten bilden hier eine Ausnahme, da sie gern mehrere Jahre an derselben Stelle wachsen.

Der Rotationsanbau folgt drei Regeln:

DIE ERSTE REGEL unterteilt die Pflanzen in Gruppen nach dem Ernteziel Wurzel, Blatt, Blüte und Frucht. So wird auf einer Parzelle ein Jahr „Fruchtgemüse“, das Jahr darauf „Blütengemüse“, dann „Blattgemüse“ und schließlich „Wurzelgemüse“ gezogen. Es können auch mehrere Schritte in einem Jahr geschehen, indem z. B. Gründünger eingeschoben wird. Neben dem Fruchtwechsel sollten jedoch auch die Pflanzenbeziehungen beachtet werden, die wir auf Seite 126 unter dem Punkt „Günstige und ungünstige Nachbarn“ zusammengefasst haben.

Beispiel für eine Parzelle über 4 Jahre:

1) Kürbispflanzen, Mais, Bohnen
2) Blumenkohl oder Gründünger, wie Klee, Phacelien oder Wicke, der zur Blütezeit eingearbeitet wird.
3) Kohl, Spinat, Salat, Lauch etc.
4) Kartoffeln, Sellerie, Rote Rüben, Zwiebeln oder Karotten.

DIE ZWEITE REGEL besagt, keine Pflanzen derselben Familie aufeinanderfolgen zu lassen. Die wichtigsten Arten sind:

- Doldenblütler: Karotten, Kerbel, Pastinaken, Petersilie, Sellerie.
- Gänsefußgewächse: Mangold, Rote Bete, Spinat.
- Hülsenfrüchte: Erbsen, Bohnen, Klee, Linsen, Luzerne, Saubohnen, Soja.
- Korbblütler: Artischocken, Chicorée, Endivien, Löwenzahn, Salat, Topinambur.
- Kreuzblütler: alle Kohlarten, Kresse, Rettich, Senf, Steckrüben.
- Kürbisgewächse: Gurken, Kürbisse, Melonen, Zucchini.
- Lilien- und Spargelgewächse: Knoblauch, Spargel, Schnittlauch, Schalotten, Zwiebeln, Lauch.
- Nachtschattengewächse: Kartoffeln, Auberginen, Paprika, Peperoni, Tomaten.

DIE DRITTE REGEL berücksichtigt schließlich den Bedarf einer Pflanze an Nährstoffen. So ist es vorteilhaft, einem Anbau von Starkzehrern ein Gemüse folgen zu lassen, das ohne oder mit wenig zusätzlichem Dünger auskommt.

- Starkzehrer: Fenchel, Lauch, Mais, Auberginen, Kartoffeln, Kohl, Paprika, Sellerie, Spinat, Tomaten.
- Schwachzehrer: Bohnen, Feldsalat, Kerbel, Knoblauch, Rettich, Salat, Saubohnen, Schalotten, Zwiebeln.
- Mittelzehrer: Alle anderen Gemüsearten gelten als mittlere Nährstoffverbraucher.

Ernte

Wenn Sie Obst und Gemüse zu bestimmten Zeiten ernten, verbessert sich die Haltbarkeit. Die günstigsten Erntezeiten sind in der Zeile „Ernten" der Kurven (Seite 72–95) mit grünen Sternen für die oberirdischen und gelben Sternen für die unterirdischen Teile gekennzeichnet.

In der Regel sollte Wurzelgemüse bei absteigendem Mond und oberirdisches Gemüse bei aufsteigendem Mond geerntet werden. Dabei sollten Perigäen, Mondknoten und Tage mit Gewittertendenz vermieden werden; bei leicht verderblichem Obst und Gemüse auch der Mond vor Sternzeichen und -bildern des Wassers (Krebs, Skorpion und Fische) (siehe Seiten 72–95).

WURZELGEMÜSE sollte bei absteigendem Mond geerntet werden, damit es fester bleibt und nicht so schnell keimt.

Der absteigende Mond verlangsamt den Reifungsprozess und verlängert dadurch die Lagerfähigkeit. Nur Knoblauch, Zwiebeln und Schalotten ziehen eine Ernte bei absteigendem und zunehmendem Mond vor.

OBERIRDISCHE PFLANZENTEILE halten sich länger. Obst bleibt saftiger und ist reichhaltiger, wenn es bei aufsteigendem Mond geerntet wird. Gute Erntephasen sind im Kalenderteil mit grünen Sternen gekennzeichnet.
Rot wie mit f markierte Zonen sollten gemieden werden, weil sie Fäulnis bewirken können.

Leicht verderbliches Obst, wie Kirschen, Erdbeeren oder Pfirsiche, sollte, wenn möglich, bei absteigendem und abnehmendem Mond geerntet werden.

Hokkaido und wenig haltbare **Kürbissorten** werden am besten an folgenden Tagen geerntet:
AUGUST: 5.*, 6.*, 7., 8., 14., 15., 16., 17.
SEPTEMBER: 1.nm.*, 2.*, 3., 4., 5.vm., 9. vor 16 Uhr**, 10.**, 13., 29.*, 30.
OKTOBER: 1.vm., 2., 6 nach 10 Uhr**, 7.nm.**, 8.**, 9.*, 10.
(vm. = vormittags; nm. = nachmittags; am besten an Tagen mit *)

GEMÜSE FÜR DEN TÄGLICHEN VERZEHR, wie Salat, Küchenkräuter, grüne Bohnen, Radieschen usw., werden am besten morgens und nicht kurz vor dem Genuss geerntet. Morgentau ist voller Energie und schenkt dem Gemüse zusätzliche Vitalkraft. Salat ist dann z. B. frischer und knackiger.

EINFLUSS DER GEZEITEN AUF DIE ERNTE: Auch wenn es nicht immer möglich ist, alle positiven Einflüsse zu vereinen, sollte bei zunehmendem Mond besser bei sinkender Flut, bei abnehmendem Mond eher bei steigender Flut geerntet werden (siehe Seite 19).

Saatgut

Die Artenvielfalt ist unser Erbe. Es liegt an uns, den kommenden Generationen das Saatgut zu übermitteln, welches sie morgen ernährt.
Samen nach den Mondeinflüssen zu ernten, sichert beste Qualität und die Langlebigkeit der Arten.

Samen werden am besten bei trockenem Wetter und zunehmendem Mond von gesunden Pflanzen gesammelt, die einen normalen Vegetationszyklus hinter sich haben (also z. B. nicht von frühzeitig geschossenen Salaten). Beste Ergebnisse werden erzielt, wenn die Wirtspflanze zum richtigen Zeitpunkt gesät, bearbeitet und geerntet wurde (Salate an einem Blättertag, Tomaten an einem Fruchttag, Karotten an einem Wurzeltag usw.).

Ernte von Tomatensamen: Am besten an einem Fruchttag bei Erntebeginn eine schöne, reife Tomate von einer gesunden Pflanze pflücken. Am nächsten Tag werden die Samen mit ihrem Saft und etwas Wasser in eine Schüssel gegeben und ein, zwei Tage bei Zimmertemperatur vergoren, was eventuelle Viren eliminiert. Danach auswaschen und trocknen. Tomaten z. B. am 27. und 28. Juli ernten.

Ernte von Bohnensaat: Schöne Bohnenpflanzen an einem Fruchttag ausreißen und an einem gut gelüfteten, trockenen Ort mit den Wurzeln nach oben zum Trocknen aufhängen. Danach werden die Bohnen in einem verschlossenen Behälter einige Tage eingefroren, um Bohnenkäfern entgegenzuwirken.

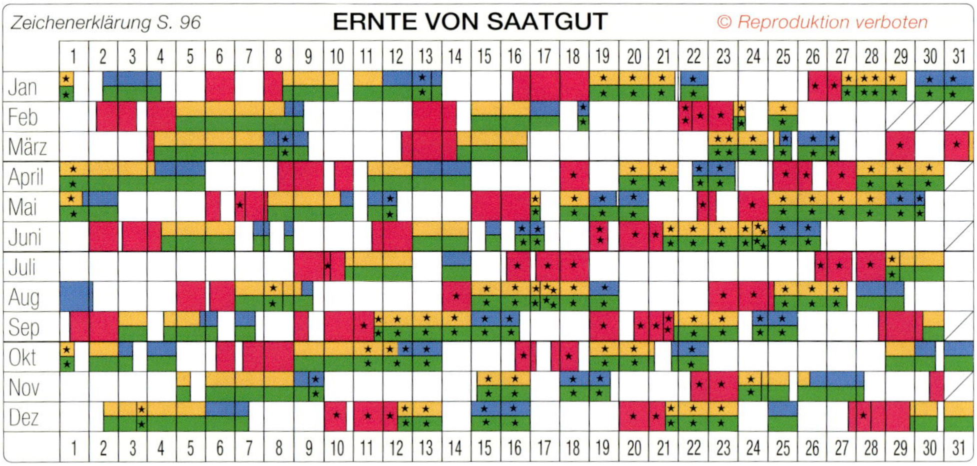

Gute Tage zur Saatgewinnung von Gemüse mit Ernteziel:

- Früchte
- Wurzeln
- Blüten
- Blätter
- Tage, die vermieden werden sollten.

Heilpflanzen sammeln

Die Mondzyklen beeinflussen nicht nur Haltbarkeit und Geschmack, sondern auch die medizinischen Eigenschaften von Pflanzen. Bestimmte Daten eignen sich besser zur Ernte oberirdischer, andere zur Ernte unterirdischer Pflanzenteile.

Zunehmender Mond: Je voller der Mond, desto mehr Lebenskraft steckt in einer Pflanze. Ihre Heilwirkung ist jedoch geringer.

Abnehmender Mond: Je näher wir dem Neumond kommen, desto mehr konzentrieren sich die Essenzen der Pflanzen, wodurch ihre Wirk- und Aromastoffe verstärkt zum Ausdruck kommen. Pflanzen, die zu dieser Zeit gesammelt werden, behalten ihre Heilkraft länger.

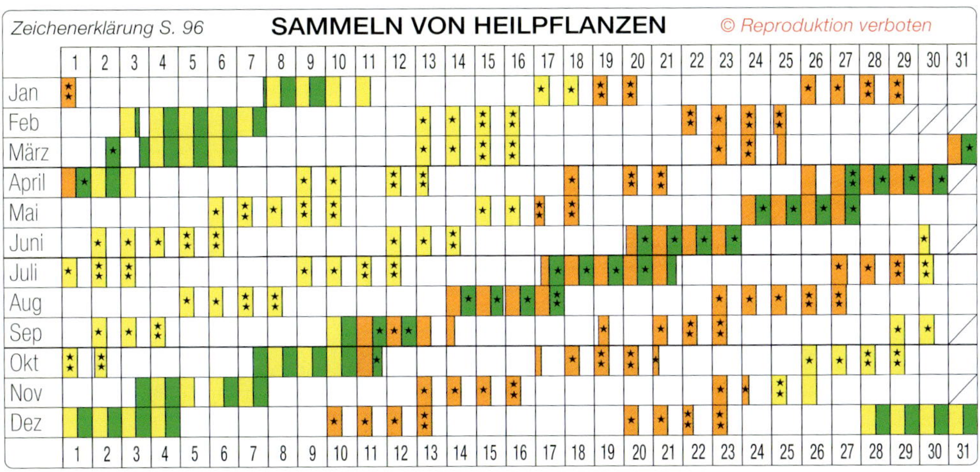

Sammeln von Blüten (Johanniskraut, Kamille, Ringelblumen usw.): Am besten vormittags, wenn die Kraft der Pflanze sich in ihren oberirdischen Teilen konzentriert.

Sammeln von Baumfrüchten/-blüten (Sanddorn, Tannenknospen, Lindenblüten usw.): Am besten vormittags bei aufsteigendem und, wenn möglich, zunehmendem Mond.

Sammeln von Wurzeln (Enzian, Löwenzahn, Beinwell usw.): Am besten nachmittags, wenn die Kraft der Pflanze sich in ihren unterirdischen Teilen konzentriert.

Obst- und Ziergehölze

Der Zeitpunkt von Pflanzungen und Schnitt von Obstbäumen hat einen starken Einfluss auf die Ernte. So fördert ein Baumschnitt bei absteigendem Mond z. B. die Entwicklung des Obstes, während bei aufsteigendem Mond der Holzwuchs gefördert wird.

VERMEIDEN sollte man für alle folgenden Arbeiten die rot und mit – in den Monatskurven (Seiten 72–95) gekennzeichneten Tage.

PFLANZEN am besten bei **absteigendem Mond**, wobei Quadraturen des Mondes mit Sonne, Mars oder Saturn (siehe Seiten 14–17) vermieden werden sollten.

- **Obstbäume und Ziersträucher** werden bei absteigendem Mond gepflanzt. Bei zunehmendem Mond wird bei sinkender Flut, bei abnehmendem Mond und bei steigender Flut gepflanzt (siehe Seiten 19 und 99).
- **Laubbäume und -sträucher:** Obwohl die meisten Laubbäume durchaus auch unter den oben genannten Bedingungen gepflanzt werden können, sollten schnell wachsende Bäume wie Pappeln und Ahorn eher bei aufsteigendem und, wenn möglich, abnehmendem Mond und sinkender Flut gepflanzt werden. Das lässt diese Bäume schneller und mit weniger Knoten wachsen, wodurch die Fasern aber auch nicht ganz so dicht sind.
- **Nadelbäume** werden bei absteigendem und abnehmendem Mond gepflanzt. Dies gilt vor allem für Nadelbäume mit oberflächlicher Wurzelbildung, wie z. B. Fichten, die dadurch tiefere Wurzeln schlagen können. Auch hier sollten die oben angeführten negativen Daten gemieden werden.

Herbst- oder Frühlingspflanzung? Da die kalten Wintermonate vermieden werden sollten, besteht die Wahl zwischen Herbst oder Frühling. Ist kein ganz besonders strenger Winter zu befürchten, so ist die Herbstpflanzung vorzuziehen. Wird im Frühling gepflanzt, so muss der Baum im Sommer öfter gegossen werden.

VEREDELUNG: In jedem Fall bei **aufsteigendem Mond** an einem Fruchttag (eventuell auch an einem Blütentag) veredeln. Das sogenannte Edelreis wird im Januar oder Februar bei aufsteigendem Mond abgenommen und in einem feucht-kühlen Sandbett gelagert.

- **Kronenveredelung:** Sie ist in der Regel der Veredelung durch Rindenpfropfen vorzuziehen, das oft Baumkrebs und Schorfbefall nach sich zieht. Erst wenn der zu veredelnde Baum blüht und in vollem Saft steht, wird die Krone an einem „Fruchttag" bei aufsteigendem Mond, wie z. B. am 9. oder 18. April, durch das Pfropf- oder Edelreis ersetzt.
- **Augenveredelung:** Sie wird im August beim zweiten Saftschub bei aufsteigendem Mond an einem „Fruchttag", wie z. B. am 23. oder 24. August, durchgeführt. Für optimalen Saftstand sollte der Baum in den zwei Wochen vor der Veredelung gut gegossen werden. Das Auge wird mit der umliegenden Rinde und ausreichend darunterliegendem Holz abgenommen, um den Ausbruch des Auges zu verhindern.

STECKLINGE

Im Idealfall werden Stecklinge bei Ende des aufsteigenden Mondes abgenommen und bei Beginn des absteigenden Mondes in die Erde gesteckt. Auch hier sollten die oben angeführten Störfaktoren gemieden werden.

ABSENKEN gegen Frühlingsende bei absteigendem Mond ermöglicht vegetative Vermehrung durch Wurzelbildung am Bodenkontakt von Ästen. Beste Ergebnisse werden im Sternbild der Jungfrau ♍ und des Skorpions ♏ bei zunehmendem Mond erzielt. Auch hier sollten die oben angeführten negativen Daten gemieden werden.

Gehölzschnitt

In der Regel werden Bäume bei absteigendem Mond geschnitten. Eine Ausnahme stellt der Erziehungsschnitt an jungen Bäumen dar, deren Holz schneller wächst, wenn sie bei aufsteigendem Mond geschnitten werden.
Auch hier sollten die oben angeführten Störfaktoren und besonders kalte Tage gemieden werden.

- **Obstbäume und -sträucher** werden bei absteigendem und, wenn möglich, abnehmendem Mond und bei steigender Flut geschnitten.

- **Laubbäume** werden bei absteigendem und, wenn möglich, abnehmendem Mond geschnitten.

- **Nadelbäume** werden bei absteigendem und, wenn möglich, zunehmendem Mond geschnitten – nur Zypressen und Feuerdorn besser bei abnehmendem Mond schneiden.

- **Ziergehölze** werden bei absteigendem Mond geschnitten. Alle abgestorbenen und kranken Äste sowie die Wildtriebe werden an einem „Blütentag" bei absteigendem Mond am Stamm weggeschnitten. Die schönen Äste werden oberhalb einer seitlichen Knospe eingekürzt.

Altholzblüher (wie Stockrosen, Forsythien, Flieder usw.) gleich nach dem Verblühen schneiden.

Jungholzblüher (wie Schmetterlingsflieder, Abelien usw.) nach der großen Kälte am Frühlingsanfang ziemlich kurz schneiden.

Tipps für den Schnitt: Beim Schnitt wird der Astansatz wie im Bild belassen, da die Vernarbung über diesen Rindenwulst verläuft. Ein exakter Schnitt am Wulst vermeidet Krankheiten an der verheilenden Stelle.

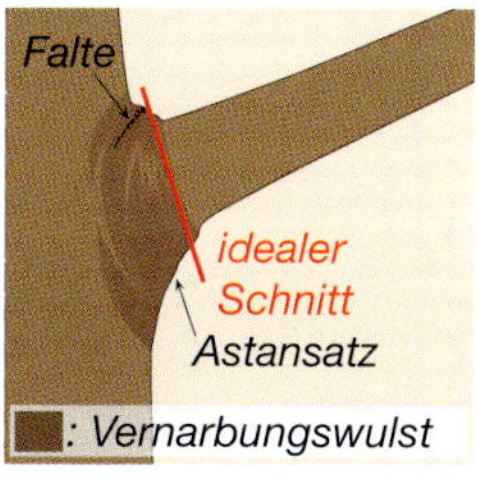

PERIODEN FÜR DEN GEHÖLZSCHNITT

– Im Winter starken Frost vermeiden! –

Apfel: Dezember bis März
Aprikose*: Dezember bis März
Birne: Dezember bis März
Esskastanie: Dezember bis März
Feige: Dezember bis März
Haselnuss: Dezember bis März
Kirsche*: Juli, August, nach der Ernte
Mandarine: März bis Mai
Mandel: Januar, Februar
Mirabelle*: August bis März, nach der Ernte
Mispel: Dezember bis März
Olive: März bis Mai
Orange: März bis Mai
Quitte: Dezember bis März
Pfirsich: Dezember bis März
Kaki: Dezember bis März
Walnuss*: Oktober, November, nach der Ernte
Zitrone: März bis Mai
Zwetschke*: August bis November, nach der Ernte

* Sollten nicht zu streng geschnitten werden, weil sie den Schnitt schlecht vertragen.

Der Apfelbaumschnitt

Das natürliche Gleichgewicht eines Baums: Jeder Baum entwickelt eine Krone, die in etwa seinem Wurzelgeflecht entspricht. Der in den Wurzeln gewonnene Saft ist also dem Laubvolumen an den Ästen angepasst. Werden zu viele Äste geschnitten, wird der Baum durch starkes Austreiben reagieren, um dieses Gleichgewicht durch Holztriebe, sogenannte Wasserreiser, wieder herzustellen. Daraus ergibt sich schon einmal eine ganz einfache Grundregel: Je mehr geschnitten wird, desto mehr Holz wird der Baum erzeugen.

Beobachtung und Vorbeugung: Das Schneiden von Ästen stresst jeden Baum. Je jünger die Äste sind, desto geringer und problemloser ist der Eingriff. Daher sollten Bäume regelmäßig und aus allen Winkeln beobachtet werden, um spätere Großeingriffe vorbeugend durch „Erziehungsschnitte" zu vermeiden.

Möglichst geringer Schnitt: Es vergehen 3 Jahre, bis eine Knospe zu einem fruchttragenden Ast geworden ist. Jeder Schnitt verzögert auch das Fruchten, denn ein Baum, dessen Energie sich auf die Obstproduktion konzentriert, erzeugt zugleich auch weniger Jungholz. Nach einem starken Schnitt hingegen wird auf demselben Baum mehr Holz als Obst wachsen.
- Schnitt: Äste werden etwa 5 mm über einem nach außen zeigenden Auge schräg geschnitten, damit Regenwasser auf der anderen Seite der Knospe ablaufen kann.

Luftige Mitte: Die Äste sollten weit genug auseinanderstehen, dass auch das Innere des Baumes genug Licht bekommt. Auch Paralleläste sollten nicht zu eng neben anderen gelassen werden.

Die Fruchtknospe: Das letzte Auge bestimmt auch das Wachstum der Frucht und kann so die Holzbildung bremsen. Wird es entfernt, führt dies zu verstärktem Holzwachstum. Um den Obstwuchs zu fördern, sollte also unbedingt darauf geachtet werden, dass der Schnitt über einer Fruchtknospe erfolgt.

Holztriebe: Wie oben erläutert, fördert der Schnitt das Holzwachstum in Form von Reisern, die am besten früh eliminiert werden. Wartet man damit bis zum eigentlichen Winterschnitt, sind sie bereits verholzt, und es werden neue an derselben Stelle gebildet. Um dies zu vermeiden, werden sie am besten bereits im Juni mit der Hand an der Basis ausgerissen, solange sie noch weich sind. Die Wunden vernarben schneller und die Bildung neuer Triebe an derselben Stelle wird verhindert.

Schlussfolgerung: Obstbäume lieber nicht als schlecht schneiden. Schlechter Schnitt beeinträchtigt nicht nur den Fruchtertrag, sondern kann den Baum auch nachhaltig schädigen und Krankheiten eindringen lassen, was schlussendlich die Lebenserwartung des Baums beeinträchtigt. Richtiger Schnitt setzt eine gewisse Kenntnis voraus, um nicht irgendwelche Äste irgendwie zu schneiden, und bedarf auch einer regelmäßigen Analyse des Wachstums, um zu erkennen, welche Äste später stören bzw. überflüssig sein könnten.

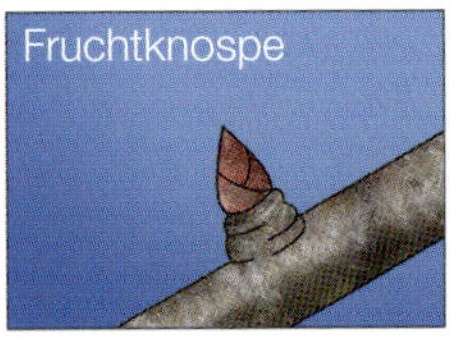

Fruchtholz sollte also nach Möglichkeit erhalten werden, ganz gleich, ob es sich hierbei um Fruchtspieße, -ruten oder -kuchen handelt. Auch das Fruchtholz, welches direkt am Hauptgerüst des Baumes wächst, sollte belassen werden. Es trägt meist wesentlich mehr Obst, weil es näher am Hauptsaftstrom liegt.

Obststräucher

Johannisbeeren, Himbeeren, Brombeeren, Kiwi …

Stecklinge

Stecklinge werden im Herbst am letzten Tag des aufsteigenden Mondes in etwa 15 cm Länge vom Jahresholz abgenommen und im Dutzend, zusammengehalten durch ein Gummiband, einen Tag lang in einer Plastiktüte im Gemüsefach des Kühlschranks aufbewahrt. Am nächsten Tag, dem Beginn des absteigenden Mondes, werden sie schräg, in einem Winkel von etwa 45°, fast zur Hälfte eingegraben. Sobald sie im Frühling die ersten Blätter tragen, werden die Ableger **bei absteigendem Mond** vorsichtig aus der Erde gezogen und in Töpfe mit angereichertem Torfmull gesetzt. Einige Wochen später werden die nunmehr reichlich bewurzelten Stecklinge ausgesetzt. Es wurde festgestellt, dass gebündelte Ableger eine bessere Wurzelbildung aufweisen, da dadurch die Hormontätigkeit angeregt wird.

Pflanzen: Im Herbst bei absteigendem Mond, um die Wurzelbildung zu fördern. Im Frühling sollte erst nach dem letzten starken Frost gepflanzt werden.

Schnitt: Immer bei absteigendem Mond.

Johannisbeeren

An frostfreien Frühlingstagen werden die ältesten Zweige bei absteigendem Mond geschnitten, um die Mitte der Staude auszulichten. Um den Wuchs zu verdichten, können „magere" Büsche um ein Drittel eingekürzt werden.

Himbeeren

Einmaltragende: Das abgeerntete Altholz auf Bodenhöhe schneiden, um Krankheiten vorzubeugen. Im Frühling werden die schwachen Jungtriebe entfernt. Die übrigen können in verschiedener Höhe (zwischen 15 und 100 cm) gekürzt werden, um die Ernteperiode zu verlängern. Die langen Triebe tragen früher als die kurzen.

Zweimaltragende (zwei Ernten im Jahr): Nach der ersten Ernte die abgeernteten Triebe auf Bodenhöhe schneiden, um Krankheiten vorzubeugen. Im März werden die schwachen Jungtriebe entfernt. Die übrigen Triebe werden auf 60 bis 80 cm gekürzt.

Brombeeren

Nach der Ernte die abgeernteten Triebe auf Bodenhöhe schneiden, um Krankheiten vorzubeugen. Im Winter werden die schwachen Jungtriebe entfernt und nur fünf bis sieben Triebe pro Stock gelassen. Die Seitenäste werden auf etwa 20 cm gekürzt.

Kiwi

Im Februar werden die Äste drei Augen über der letzten Fruchtstelle gekürzt. Ein oder zwei Triebe können auf Bodenhöhe geschnitten werden, um den Neuwuchs zu stimulieren. Anfang Juli und abermals im August werden die Äste vier Blätter über den letzten Früchten geschnitten.

Im Ziergarten

VERMEIDEN sollte man für alle folgenden Arbeiten die rot und mit – in den Monatskurven gekennzeichneten Tage.

TOPFPFLANZEN

- **Gießen** von Pflanzen, die nur alle ein bis zwei Wochen gegossen werden müssen:
  - Grünpflanzen an einem „Blättertag";
  - Blumen an einem „Blütentag".

- **Blattreinigung:** Pflanzen weisen länger Staub ab, wenn sie zwischen Neu- und Halbmond an einem Blättertag – wenn möglich im Sternbild des Krebses oder des Skorpions – gereinigt werden.

UMTOPFEN im Frühling, allenfalls im Spätsommer bei absteigendem Mond in einen größeren Topf.

- Grünpflanzen an einem „Blättertag" im Sternbild des Krebses oder Skorpions;
- Blumen an einem „Blütentag" im Sternbild des Zwillings oder der Waage.

SCHNITTBLUMEN halten länger, wenn sie bei zunehmendem Mond, besonders im zweiten Viertel, gepflückt werden.

AUSPFLANZEN bei absteigendem Mond.

AUSSAAT am besten an einem Blumentag mit möglichst vielen Sternen (siehe Seiten 72–95).

BLUMENZWIEBELN bei Mond im Sternbild der Waage pflanzen.

DÜNGER am besten bei absteigendem und zunehmendem Mond ausbringen, wobei Feuerzeichen vermieden werden, bei denen Dünger Pflanzen „verbrennt".

STECKLINGE von gesunden Mutterpflanzen werden etwa 15 cm kurz unter einer Knospe schräg von blütenlosen Zweigen geschnitten. Alle Blätter, außer den letzten zwei bis drei, werden entfernt. Sind diese Blätter besonders groß, sollten sie halbiert werden, um Verdunstung zu vermeiden. In Blumenerde stecken, gießen und fest andrücken. Die Blätter von Stecklingen benötigen viel Feuchtigkeit, weshalb sie öfter mit Wasser besprüht werden sollten. Auch die Erde sollte feucht, aber nicht nass gehalten werden. Die Temperatur sollte über 15 °C liegen. Stecklinge werden im Idealfall zum Ende des aufsteigenden Mondes abgenommen und bei Beginn des absteigenden Mondes gepflanzt.

ABSENKEN bei absteigendem Mond ermöglicht vegetative Vermehrung durch Wurzelbildung am Bodenkontakt von Ästen. Beste Ergebnisse werden im Sternbild der Jungfrau und des Skorpions bei zunehmendem Mond erzielt.

KNOLLEN ZUM ÜBERWINTERN werden am besten im Herbst bei absteigendem Mond an einem Blumentag ausgegraben.

SCHNITT VON ZIERSTRÄUCHERN siehe Seite 41.

BLATTLÄUSE siehe Schmierseife Seite 31.

Rosen

Gegen Pilzkrankheiten und für mehr und schönere Rosen hat sich die Behandlung mit Komposttee als besonders wirksam erwiesen (siehe Seiten 27 und 30).

VERMEIDEN sollte man für alle folgenden Arbeiten, die rot und mit – in den Monatskurven gekennzeichneten Tage.

PFLANZEN am besten im Herbst bei absteigendem Mond. Wurzelnackte Rosen sind dabei Topfrosen vorzuziehen, weil sie leichter anwachsen. Die zuvor in mit Dünger und Humus angereicherten Lehmschlamm getauchten Wurzeln werden so gepflanzt, dass die Veredelungsstelle noch freigelegt bleibt. Das Pflanzloch wird mit Blumenerde und reifem Kompost angefüllt, ausgiebig gegossen und angedrückt. Rosen gedeihen am besten in windgeschützter, sonniger Lage.

UMPFLANZEN sollte man ebenfalls im Herbst bei absteigendem Mond. Vor allem die Triebe, aber auch Wurzeln werden dabei zurückgeschnitten.

KOMPOST sollte regelmäßig bei absteigendem Mond oberflächlich eingebracht werden, da Rosen als Starkzehrer dem Boden rasch die Nährstoffe entziehen. Dies verlängert das Leben des Stockes.

ROSENSCHNITT: Wählen Sie einen „Blütentag" bei absteigendem Mond. Je stärker Rosen geschnitten werden, desto stärker treiben sie aus. Daher werden stark wachsende Rosen etwas länger belassen als schwächer wachsende Arten. Das letzte Auge sollte dabei immer nach außen zeigen. Wählen Sie einen Blütentag bei absteigendem Mond.

Öfterblühende Rosen werden im November von schwachen, kranken Zweigen und verblühten Blüten und Früchten befreit. Von den starken Trieben wird schon jetzt ein Drittel entfernt, damit sich die Wurzeln erholen können. Kompost sollte oberflächlich eingearbeitet werden. Der Frühlingsschnitt erfolgt, wenn die Forsythien blühen. Zu dieser Zeit hat sich der Boden so weit erwärmt, dass keine größeren Frostschäden mehr zu befürchten sind. Die Mitte des Stocks wird ausgelichtet, wobei drei bis sieben äußere Haupttriebe gelassen werden und auf zwei bis fünf Seitenaugen zurückgeschnitten wird.

Einmalblühende Rosen kann man im Frühling in Form bringen. Der Hauptschnitt erfolgt dann nach der Blüte. Bei allen Strauchrosen werden im Frühjahr die zwei bis drei Jahre alten Triebe unten abgeschnitten. Altes Holz ist krankheitsanfällig und bringt keine schönen Blüten mehr. Die jungen Triebe werden um ein Viertel reduziert, vor allem in der Mitte des Stocks. Im Herbst wird etwas Kompost oberflächlich eingearbeitet.

BLÜTEN werden während des ganzen Jahres entfernt, wenn sie verblüht sind, um die Blüteperiode zu verlängern. Dazu wird der Trieb schräg über dem nächsten Blattansatz geschnitten.

ROSENVEREDELUNG: Die Okulation (Augenveredelung) wird am besten an „Blütentagen" durchgeführt. Es sollte so tief wie möglich an der Grenze zwischen Weiß- und Grünholz, d. h. zwischen Wurzelhals und Spross, veredelt werden, um die Bildung von Wildtrieben zu vermeiden.

STECKLINGE werden im September im Idealfall gegen Ende des aufsteigenden Mondes abgenommen und bei Beginn des absteigenden Mondes gepflanzt.

Hecken

Hecken sind wichtig für das Ökosystem. Sie unterstützen die Biodiversität, schützen vor Wind, verbessern die Bodenbeschaffenheit und verhindern Erosion.
Mischhecken sind ökologisch sinnvoller und weniger anfällig für Krankheiten.

Mischhecken kommen natürlichen Hecken und Gestrüpp am nächsten und entsprechen Boden und Umwelt am besten. Bei Monokulturhecken ist dies wesentlich weniger der Fall. Ihre Vorteile (schnelles Wachstum, Platzgewinn, Sichtschutz usw.) machen die Nachteile (Anfälligkeit für Krankheiten, Ungleichgewicht der Böden und verminderte Biodiversität) nicht wett.

PFLANZEN bei absteigendem Mond, wenn auch hier die rot und mit – in den Monatskurven (Seiten 72–95) gekennzeichneten Tage gemieden werden sollten. Eine Herbstpflanzung ist vorzuziehen, weil die Büsche dann besser für den nächsten Sommer gewappnet sind. Wird im Frühling gepflanzt, so sollte der Frost gemieden und die Hecke im Sommer mehr gegossen werden.

SCHNEIDEN bei absteigendem und, wenn möglich, abnehmendem Mond. Auch hier sind die oben genannten Negativzonen zu vermeiden. Junge Hecken können auch bei aufsteigendem Mond gepflanzt werden, wenn schnelleres Wachstum gewünscht wird.

KRANKHEITSVERHÜTUNG: Durch vorbeugendes Besprühen mit Pflanzenjauche oder, noch besser, mit Komposttee (siehe Seiten 27 und 30) kann der Krankheitsanfälligkeit von Monokulturhecken effizient entgegengewirkt und zugleich gedüngt werden.

PERIODEN FÜR DEN GEHÖLZSCHNITT
– Im Winter starken Frost vermeiden! –

Blumenhecken: nach der Blüte
Glanzmispeln: Februar, März, nach der Blüte
Hainbuche: Februar, März
Liguster: Juli, August, nach der Blüte
Lorbeer: März bis Mai/September, Oktober
Ölweiden: Februar, März
Haselnuss: Januar, Februar, Anfang März
Thujen: April, Mai/September, Oktober
Zypressen: April, Mai/September, Oktober

DATEN FÜR DEN HECKENSCHNITT
Generell sollten Hecken bei absteigendem Mond geschnitten werden, doch auch hier gibt es besonders gute Daten:
JANUAR: 5., 6., 8., 9., 10.vm., 11., 12., 13., 14., 15.vm. **FEBRUAR:** 2.nm., 3.vm., 4., 5., 6., 7., 8., 10.nm., 11. **MÄRZ:** 4., 5., 6., 7, 8., 9.vm., 10. **APRIL:** 2.nm., 3., 4., 5., 6., 7.vm. **MAI :** 2., 3.nm., 4., 5.vm., 31.nm. **JUNI:** 1. **JULI:** 14.vm. **AUGUST:** 9.vm., 11.nm., 12. **SEPTEMBER:** 5.nm., 6.vm., 7.vm., 8., 9.vm., 10. **OKTOBER:** 3.vm., 4., 5., 6., 7.nm., 8., 9., 10.vm., 31. **NOVEMBER:** 1., 2., 3.nm., 4., 5.vm., 6., 7., 8., 26.nm., 27., 28.nm., 29., 30.nm. **DEZEMBER:** 1.nm., 2., 3., 4., 5., 6., 7.vm., 8.vm., 25.nm., 26., 28., 29., 30.vm., 31. (vm. = vormittags; nm. = nachmittags)

Rasen

Der Einfluss des Mondes kann das Wachstum des Grases beschleunigen oder aber verlangsamen. Die Wahl des richtigen Zeitpunkts kann also viel Arbeit ersparen und lässt den Rasen schöner und dichter gedeihen.

Man sollte nicht systematisch und auch nicht zu früh im Frühling mähen, da viele nützliche Insekten diesen Lebensraum zur Entwicklung brauchen. Nach dem Winter brauchen auch Bienen die Blumen, die natürlich in der Wiese wachsen. Wenn wir auf die Hilfe von Tieren und Insekten in unserem Gemüsegarten zählen wollen, dann müssen wir ihnen auch einen gewissen Lebensraum zugestehen, in dem sie sich ungestört ausbreiten können. Wir können dazu sogar noch mehr tun, indem wir honigproduzierende Wiesenblumen säen.

AUSSAAT bei abnehmendem Mond an einem Blatt- oder Wurzeltag und, wenn möglich, bei abnehmendem Mond. Ideal ist eine Aussaat im Herbst (eine Aussaat im Frühjahr erfordert eine regelmäßigere Bewässerung).

GUTE DATEN ZUR AUSSAAT VON GRAS

MÄRZ: 4.nm.*, 5.*, 6.*, 7.*, 9.nm.**, 10.**, 11.**, 14.nm., 15., 16. **APRIL:** 2.*, 3.*, 6.**, 7.**, 8.vm.*, 11., 12., 15.*, 16.*, 17.vm.*. **SEPTEMBER:** 1.vm., 3., 4., 5.vm.*, 7.nm.*, 8.**, 27.*, 28.vm.*, 30.nm. **OKTOBER:** 1., 2.vm., 2.nm.*, 5.**, 6.vm.*, 9.*, 10.*, 28., 29. (vm. = vormittags; nm. = nachmittags; am besten an Tagen mit *)

AUFLOCKERN am besten bei aufsteigendem Mond an Blütentagen.

MÄHEN FÜR LANGSAMERES UND DICHTERES GRASWACHSTUM

mittel | gut | sehr gut | ★ ausgezeichnet

In dieser Zeit gemäht, wächst der Rasen schneller nach.

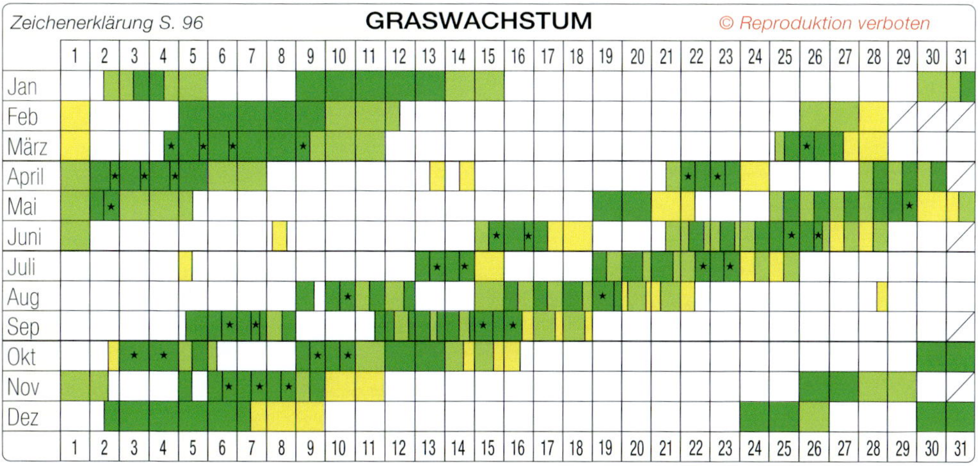

Wiesen und Heu

Wiesen reifen je nach Region und Höhenlage früher oder später. Muss früh gemäht werden, eignen sich die unter Frühheu vorgeschlagenen Tage am besten. Sind die Ähren bereits gebildet, wird an den „Qualitätstagen" gemäht.

Scheint keine Sonne, so sind die Stomata (Spaltöffnungen an den Blättern) mehr oder weniger geschlossen. Wird jetzt gemäht, so ist die Verdunstung der Blattfeuchtigkeit langsamer und das Heu braucht länger zum Trocknen. Scheint jedoch vor dem Mähen schon ein, zwei Tage lang die Sonne, so sind die Stomata weit geöffnet, was den Trocknungsprozess zusätzlich beschleunigt. Außerdem steigt der Zuckergehalt des Grases durch die Sonne. Nicht nur die Haltbarkeit, sondern auch der Nährwert des Heus (Zucker und Eiweiß) und die Verdaulichkeit werden durch das Mähen bei Sonne verbessert. Wird etwa 7 cm hoch gemäht, trocknet das Heu leichter, weil es nicht direkt auf dem Boden liegt und besser durchlüftet wird. Der Ernteverlust durch den relativ hohen Schnitt wird durch die bessere Heuqualität und den Umstand wettgemacht, dass die Wiese schneller nachwächst.

• **Zeitpunkt der Heuernte:** Es liegt auf der Hand, dass Gras je nach Region und Höhenlage unterschiedlich reift. Wird Heu relativ früh geerntet, sollte nach den Angaben des Frühheus gemäht werden. Ist es bereits im Ährenstadium, wird nach den Qualitätskriterien gemäht.

• **Qualität:** Heu ist am besten, wenn es erst im Ährenstadium bei aufsteigendem und, wenn möglich, abnehmendem Mond gemäht wird, da sich Zucker und Ballaststoffe hier die Waage halten.

Die besten Tage für die Ernte hochwertigen Heus sind: MAI: 5.nm., 6.vm.*, 7.vm.**, 8.*, 9.*, 10.*, 11.nm., 12.vm.*, 13.vm., 14., 15.*, 16.*. **JUNI:** 2.*, 3.*, 4.*, 5.vm.*, 6.*, 7.nm., 8., 9.nm., 10., 11., 12.*, 13.*, 14.*, 30.vm.*. **JULI:** 1.*, 2.*, 3.*, 5.vm.*, 5.nm., 7., 8., 9.*, 10.*, 11.*, 12.*, 30.*. **AUGUST:** 1., 3.vm., 3.nm.*, 4., 5.*, 6.*, 7.*, 8.vm.**, 8.nm.*, 28., 29.vm., 30., 31.

• **Frühheu:** Jung geschnittenes Heu enthält zwar viel Zucker, aber wenig Ballaststoffe. Um dies auszugleichen, sollte bei absteigendem und, wenn möglich, zunehmendem Mond gemäht werden. Frühheu kann beim Viehfutter durch Zugabe von etwas Luzerne ergänzt werden, die reich an Ballaststoffen ist.

Die besten Tage für die Ernte von Frühheu sind: APRIL: 1.*, 21.nm.*, 22.nm., 23., 24., 25., 26.vm.*, 27.*, 28.*, 29.*, 30.*. **MAI:** 1., 19., 20., 21.nm., 22., 24.*, 25.*, 26.*, 27.*, 28., 29., 31.vm. **JUNI:** 15.nm., 16.nm., 17., 18., 19.vm., 20.*, 21.*, 22.*, 23.*, 24.*, 25., 26.vm., 27., 28.

• **Nachwuchs:** Damit die Wiese möglichst schnell wieder nachwächst, wird am besten bei zunehmendem und aufsteigendem Mond gemäht.

Soll das Gras wieder schnell nachwachsen, wird an folgenden Tagen gemäht: APRIL: 17.nm., 18.*, 20., 21.vm. **MAI:** 17.vm., 18. **JUNI:** 29. **JULI:** 26., 27., 28., 29.*. **AUGUST:** 22.nm., 23., 24., 25.vm., 25.nm.*, 26.*, 27.vm.*.

• **Achtung!**
beim Heutrocknen zwischen dem 27. und 31. Juli ist die Gefahr von Überhitzung und Gärung größer.

• **Geilstellen** sollten bei abnehmendem und absteigendem Mond gemäht werden, um gut zu kompostieren und eine bessere Weidestelle zu schaffen.

• **Aussaat einer Wiese:** Für eine größere Pflanzenmasse wird an einem „Blättertag" mit Sternen, sonst an einem „Wurzeltag" gesät.

• **Eggen:** Mist und Maulwurfshügel werden bei absteigendem Mond geeggt. Um die Wiese zu belüften oder von Moos zu befreien, bei aufsteigendem Mond eggen.

Getreide

Der Mondeinfluss zum Zeitpunkt der Saat ist ausschlaggebend für Menge und Qualität der Ernte, die außerdem besseres Saatgut für die kommenden Jahre hervorbringt.

AUSSAAT: Getreide wird am besten an „Fruchttagen" mit möglichst vielen Sternen gesät (siehe Monatskurven der Seiten 72–95). Diese Perioden begünstigen die Kornbildung und somit den Ertrag. Ist dies nicht möglich, sollte bevorzugt an „Blütentagen" gesät werden, wenn nicht, dann an „Wurzeltagen". „Blättertage" sollten vermieden werden, da das Getreide dadurch anfälliger für Pilzkrankheiten wird. Wie immer sollten die Stunden um Mondknoten und Perigäen gemieden werden, die der Entwicklung abträglich sind.

GETREIDE JÄTEN: Für Getreide, das gejätet werden kann, siehe die Keimfähigkeit auf Seite 32. Hier sollten grüne Tage gemieden werden, da sie die Keimung fördern. Wenn möglich, also an gelben Tagen jäten.

ERNTE: Der Zeitpunkt der Ernte soll in erster Linie eine bessere Haltbarkeit des Getreides gewährleisten. Dazu sollten die unten genannten Termine gemieden werden, da sie Gärung und Schimmelpilze (Mykotoxine) begünstigen, insbesondere wenn der Feuchtigkeitsgehalt des Getreides bereits grenzwertig ist.

Zu vermeidende Termine (für eine gute Konservierung ungünstige Erntetage)
JUNI: 1., 9., 10., 11.vm., 17.nm., 18., 26. nach 16 Uhr, 27., 28.. **JULI:** 6., 7., 8., 15., 24., 25., 26.vm. **AUGUST:** 2., 3., 4., 11., 12., 20., 21., 22., 29.nm., 30., 31.
(vm. = vormittags; nm. = nachmittags)

SAATGUTERNTE: Wenn die Ernte teilweise als Saatgut verwendet werden soll, ist sie von besserer Qualität und bringt einen höheren Ertrag, wenn sie zu den folgenden Terminen eingebracht wird. Kann nicht an einem günstigen Zeitpunkt geerntet werden, sollten zumindest die folgenden ungünstigen Termine vermieden werden, da sie der Erhaltung und guten Vermehrung des Saatgutes abträglich sind.

Günstigste Erntetermine für die Verwendung als Saatgut
JUNI: 2., 3., 4.vm., 11.nm., 12., 19.vm., 20., 21.vm. **JULI:** 9., 10.vm., 16. nach 8 Uhr, 17. nach 8 Uhr, 18., 26.nm., 27, 28. **AUGUST:** 5., 6., 14., 23., 24. (vm. = vormittags; nm. = nachmittags)

Ungünstige Erntetermine für die Verwendung als Saatgut
JUNI: 1., **5.nm.**, **7.vm.**, **9.vm.**, 9.nm., 10., 11.vm., **15.vm.**, **16. vor 15 Uhr**, **17.nm.**, 18., 19.nm., 26. nach 16 Uhr, 27., 28., **30. nach 10 Uhr**. **JULI: 4., 6.**, 7., 8., 13., 15., 24., 25., 26.vm., **27. nach 17 Uhr**, **31**. **AUGUST: 2.**, 3., 4., **9.nm.**, **10.**, **11.vm.**, 11.nm., 12., **20.vm.**, 20.nm., 21., 22., **27.nm.**, **29.nm.**, 30., 31.
(**besonders ungünstige** Tage / vm. = vormittags; nm. = nachmittags) (fett gedruckte Daten sind noch ungünstiger)

KOMBINATION VON GETREIDE UND EIWEISSPFLANZEN: Wird Getreide zusammen mit Leguminosen angebaut, steigert dies nicht nur den Ertrag und verbessert die Bodenbeschaffenheit, sondern kann auch Krankheiten und Düngerzufuhr (vor allem von Stickstoff) vermindern. Da der Boden besser bedeckt wird, wächst weniger Unkraut. Schließlich ist das Endprodukt reicher an Eiweiß als bloßes Getreide

Groß- und Kleinvieh

Auch das Verhalten und Gedeihen von Tieren wird stark vom Mond beeinflusst. Deshalb sollten auch hier die Einflüsse des Mondes in allen Belangen berücksichtigt werden.

ERSTER FRÜHLINGSWEIDETAG: Der Tag, an dem das Vieh erstmals im Frühling oder das Jungvieh ausgebracht wird, beeinflusst das Verhalten der Tiere während der ganzen Saison. Wir konnten feststellen, dass Herden, die zum richtigen Zeitpunkt ausgetrieben wurden, wesentlich disziplinierter sind, sich weniger verletzen und mehr Milch produzieren. Daher sollte der Einfluss des Mondes auch hier nicht außer Acht gelassen werden. Siehe Seite 51.

FELDWECHSEL DES VIEHS: Das Gras wird am wenigsten an den in der folgenden Tabelle gekennzeichneten Tagen zertrampelt.

EINBRINGEN DES VIEHS: Der Stall bleibt während des Winters trockener, wenn das Vieh im Herbst an den in der folgenden Tabelle gekennzeichneten Tagen eingebracht wird.

HUFSCHNITT und BESCHLAGEN: Hufe werden stärker und weniger brüchig, wenn sie an den in der folgenden Tabelle gekennzeichneten Tagen geschnitten bzw. beschlagen werden, am besten bei ruhigem, feuchtem Wetter, wobei Gewitter und Frost vermieden werden sollten.

STÄLLE werden am besten am Tag vor Vollmond gesäubert und am Tag danach desinfiziert, z. B. am 30. Juni, da der Mond um 1:58 Uhr voll ist. Am 29. nachmittags ausmisten und am 30. morgens desinfizieren.

WURMBEHANDLUNG geschieht bevorzugt zwei bis drei Tage vor Voll- oder Neumond.

FORTPFLANZUNG: Kühe und Stuten werden am besten in der Woche zwischen Halb- und Vollmond in Feuer- oder Erdzeichen und – falls möglich – bei absteigendem Mond gedeckt. Für Schafe gelten zwar dieselben Mondphasen, doch gab es die besten Ergebnisse hier bei aufsteigendem Mond in Erd- oder Luftzeichen. In jedem Fall die in der nächsten Tabelle rot markierten Tage meiden.

ABGESETZT wird bei abnehmendem und, wenn möglich, absteigendem Mond am besten an den in den Kurven mit (t) gekennzeichneten Tagen.

HASEN im ersten Mondviertel decken.

HÜHNERZUCHT: Die im letzten Mondviertel angebrüteten Eier ergeben mehr männliche Küken. Um möglichst viele weibliche Küken zu erhalten, werden die Eier im ersten Viertel eingesammelt. Die besten Ergebnisse werden erzielt, wenn die Küken während des ersten Mondviertels schlüpfen.

SCHAFSCHUR: Die Wolle wächst langsamer nach, wenn die Schafe an den auf Seite 65 unter Enthaarung

SCHEREN VON VIEH: Die Wolle von Schafen wächst langsamer nach, wenn sie bei abnehmendem und abnehmendem Mond geschoren werden. Sie wächst schneller nach, wenn man sie bei steigendem und zunehmendem Mond schert.

FRÜHLINGSWEIDETAG / EINBRINGEN DES VIEHS

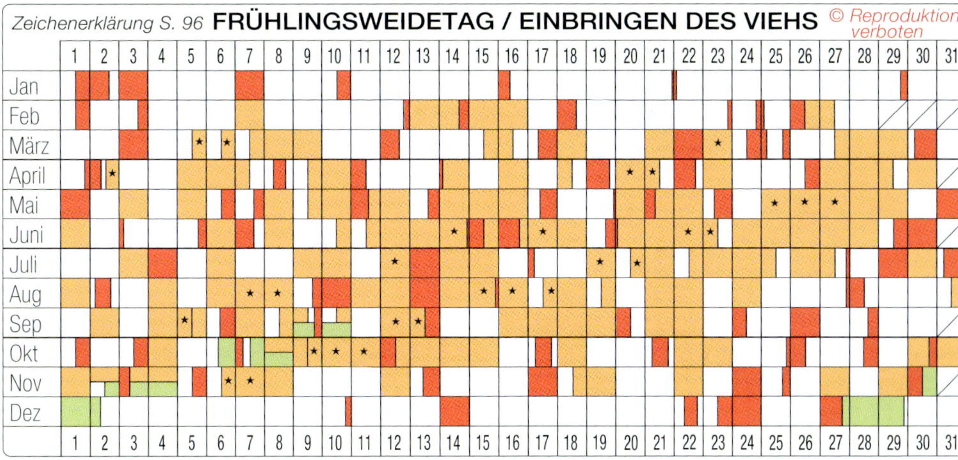

Frühlingsweidetag: gut ★ sehr gut

Eintreiben des Viehs: gut

Zu vermeidende Tage:

FELDWECHSEL, HUFSCHNITT UND BESCHLAGEN

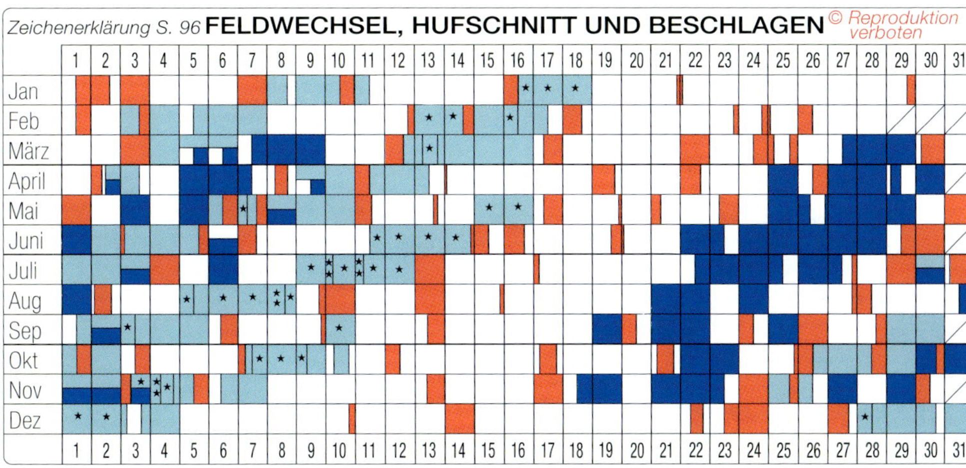

Hufschnitt und Beschlagen: gut ★ sehr gut

Feldwechsel des Viehs: gut

Zu vermeidende Tage   Neutrale Daten, die eher vermieden werden sollten.

VERMEIDEN: Alle zuvor angeführten Aktionen sollten an den rot markierten ungünstigen Daten vermieden werden.

Bienenzucht

Bienen richten ihren Lebensrhythmus ganz natürlich nach den Mondphasen. Sie werden mit zunehmendem Mond immer aktiver und schwärmen am stärksten bei Vollmond aus. Den größten Einfluss auf das Leben der Bienen und die Honigherstellung hat jedoch der Mond vor den verschiedenen Sternbildern. Insofern ist es von größter Bedeutung, wann ein Stock geöffnet wird.

Unsere Erfahrungen haben gezeigt, dass bestimmte Arbeiten am Bienenstock am besten in den folgenden Phasen durchgeführt werden. Am besten kümmern wir uns um die Bienenstöcke, wenn der Mond vor einem Sternbild des Feuers oder der Luft steht, wobei Perigäen, Mondknoten und Sternbilder des Wassers vermieden werden sollten.

Steht der Mond in einem Sternbild des Feuers, kümmern wir uns um die Bienen, um die Königinnen und die Honigproduktion zu begünstigen. In diesen Phasen können neue Waben eingebracht werden.

Steht der Mond in einem Sternbild der Luft, wenn wir am Stock arbeiten, werden die Königinnen und die Brut bevorzugt, weshalb man hier mit der Zucht von Königinnen beginnt.

Steht der Mond in einem Sternbild der Erde, stimulieren wir den Bauinstinkt. Hier werden alte Waben erneuert. Der nun geerntete Honig kristallisiert schneller.

Steht der Mond in einem Sternbild des Wassers, so ist jegliche Arbeit am Stock zu vermeiden, um ihn nicht zu schwächen und eventuelles Gären des Honigs zu vermeiden.

Tipp: Frühlingshonig (Löwenzahn, Obstblüten usw.) ist die beste Winterreserve für einen Stock. Daher sollten die Aufsätze nicht zu früh im Frühling montiert werden, damit die Bienen den Großteil des Frühlingshonigs im Herzen des Stocks lagern.

Bier, Most und Apfelwein

Bier und Most sind „lebende Getränke", die bessere Eigenschaften entwickeln, wenn sie bei bestimmtem Mondeinfluss hergestellt werden. Der Beginn ist hier ebenso von Bedeutung wie das Abziehen und die Abfüllung. Die folgende Tabelle ist eine Zusammenfassung allerwichtigen Daten.

Um den jüngsten Forschungsergebnissen gerecht zu werden und diese zugleich möglichst übersichtlich zu gestalten, wurde dieses Kapitel völlig überarbeitet. Die verschiedenen Details und besten Daten zur Herstellung und Abfüllung von Bier, Apfelwein und Most werden unten in verschiedenen Farben dargestellt.

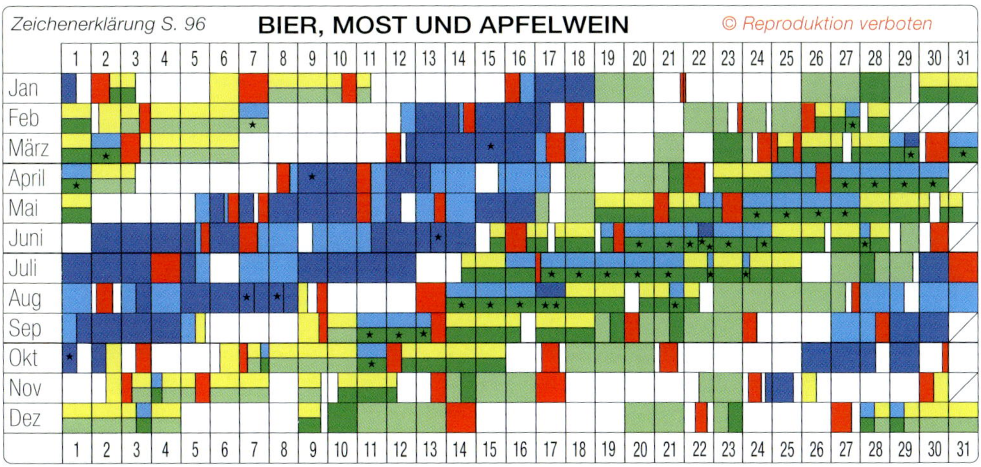

Beginn der Herstellung (Bier): gut — sehr gut — ★ ausgezeichnet

Abfüllung (Bier und Most): durchschnittlich — gut — sehr gut — ★ ausgezeichnet

Flaschenabfüllung (Bier und Most):

Für eine bessere Qualität von Bier und Most ist es besser, rote Perioden ebenso zu vermeiden wie Gewitter, starken Wind und extreme Kälte.

Neutrale Daten, die eher vermieden werden sollten.

Schnaps

STEINOBST

Die besten Ergebnisse werden erzielt, wenn bei abnehmendem Mond und, wenn möglich, vor Sternzeichen der Luft und bei diesen Planetenaspekten gebrannt wird: ☾☌ ✶ △⊙, wobei besonders ☾□♂ ♄ vermieden werden sollte (siehe Seiten 14 bis 17).

KERNOBST

Am günstigsten sind Tage bei zunehmendem Mond, wenn möglich, wenn er vor Sternzeichen der Erde und der Luft steht sowie bei folgenden Planetenaspekten: ☾☌ ✶ △⊙. Besonders vermieden werden sollten ☾□♂ ♄ (siehe Seiten 14 bis 17).

Weinbau

Der Einfluss des Mondes betrifft nicht nur den Anbau, sondern auch die Verarbeitung des Weines, dessen „Eigenleben" sich ständig weiterentwickelt. Deshalb ist es wichtig, diese Einflüsse bis hin zur Flaschenabfüllung zu berücksichtigen, um beste Lagerfähigkeit, Aromen und Qualität zu gewährleisten.

PFLANZEN: Damit die jungen Stöcke besser wurzeln, sollte bei absteigendem Mond gepflanzt werden, wobei die in den Monatskurven (Seiten 72–95) rot und mit – gekennzeichneten Zonen vermieden werden sollten. Weitere Hinweise zu Pflanzungen auf Seite 40.

SCHNITT bei absteigendem und, wenn möglich, auch abnehmendem Mond und steigender Flut (siehe Seite 19). Die roten und mit – gekennzeichneten Zonen sollten vermieden werden.
Achtung: Ein Schnitt in der Zeit vom 6. bis 10. Januar könnte die Entwicklung von Pilzkrankheiten begünstigen.

KRANKHEITEN: Vom 27. bis 31. Juli begünstigen bestimmte Planetenaspekte die Entwicklung von Pilzkrankheiten. Zur Vorbeugung empfehlen wir Ihnen während dieser Zeit regelmäßig Schachtelhalmabsud (Kieselsäure) zu sprühen. Die Verwendung von Komposttee (S. 27 und 30) erweist sich ebenfalls als sehr wirksam.

RANKEN UND TRIEBE BESEITIGEN bei abnehmendem und, wenn möglich, absteigendem Mond und sinkender Flut, um Neutriebe zu vermeiden (siehe Seite 19).

SPITZEN, KAPPEN UND STUTZEN bei absteigendem Mond und sinkender Flut. Auch hier mindern Planetenaspekte Neutriebe (siehe Seite 19).

WEINLESE: Bei aufsteigendem Mond wird zwar das größte Erntevolumen erzielt, doch hält sich bei absteigendem Mond gelesener Wein länger. Wer mit dem Zeitpunkt der Weinlese flexibel sein kann und dadurch die Weinqualität beeinflussen möchte, der ernte nach den Sternbildern (siehe Seite 13) fruchtige Weine an „Fruchttagen", blumige Weine an „Blütentagen" und bodenständige Weine an „Wurzeltagen".

Eine Lese während der Mondknoten sollte auf jeden Fall vermieden werden, da dies die spätere Entfaltung des Aromas erheblich beeinträchtigt.

WEINVERKOSTUNG:
Wein entwickelt sein volles Aroma, wenn er an „Fruchttagen" verkostet wird. Für „bodenständige" Weine eignen sich auch „Wurzeltage". „Blättertage" sollten ebenso vermieden werden wie Mondknoten und Quadraturen des Mondes mit Saturn oder Sonne, die das Aroma verschließen (siehe Seiten 14 bis 17).

RISIKOPERIODEN BEI DER WEINBEREITUNG: In der Zeit vom 27. bis zum 31. Juli intensivieren bestimmte Planetenaspekte die Gärung. Für Regionen, die bereits mit der Weinherstellung begonnen haben, wird dieser Zeitraum besondere Aufmerksamkeit erfordern.

ABZIEHEN:

Empfohlene Daten, um die Aktivität des Weins nicht zu stoppen (z. B. für ein erstes Abziehen).

Empfohlene Daten, um den Wein zu stabilisieren (z. B. für das Abziehen vor der Flaschenabfüllung).

Vermeiden Sie auf jeden Fall Tage mit Gewittern, starken Winden und großer Kälte.

FLASCHENABFÜLLUNG:

akzeptabel   ★ gut   sehr gut   ★ ausgezeichnet

Bei einer Flaschenabfüllung am frühen Morgen wirkt sich die höhere Luftfeuchtigkeit sehr günstig auf alle Weinsorten aus. Wein sollte weder bei Sturm oder Gewitter noch bei großer Kälte, hohen Gezeiten oder während der Weinblüte abgefüllt werden.

negativer Einfluss   zu vermeidende Tage

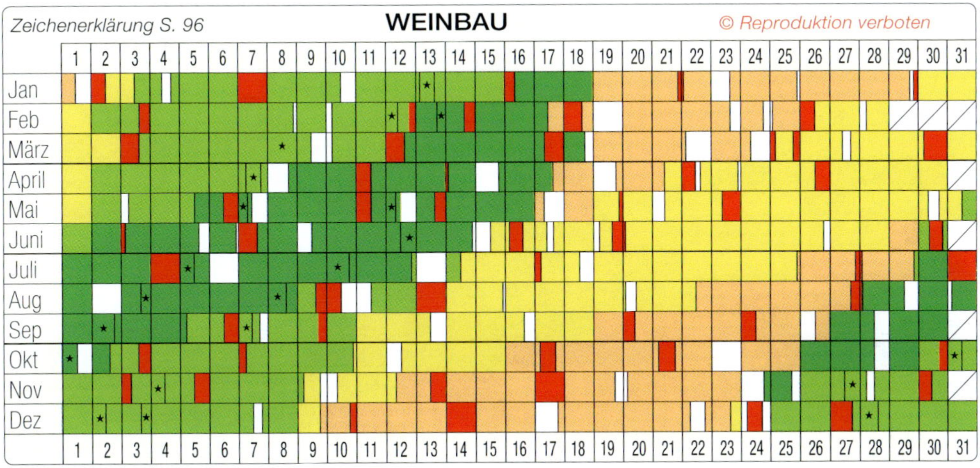

Nutz- und Brennholz

Der Tag des Fällens ist sehr wichtig, ebenso aber auch der Zeitpunkt der Verarbeitung. Bäume sollten möglichst erst nach Laubabwurf, doch noch vor der Wintersonnenwende gefällt werden.
All dies verbessert die Qualität und Haltbarkeit.

NUTZHOLZ
Die Eigenschaften von Holz werden vom Mond beeinflusst. Dazu sollte es für die verschiedenen Verwendungszwecke an den in der Tabelle gekennzeichneten Tagen gefällt werden.

- **Gegen Parasitenbefall und Fäulnis:**
- **Gegen das Verziehen und Aufreißen:** oder besser
- **Holz für Dachstühle:**
- **Holz für Werkzeuge:**
- **Gegen das Splittern von Nadelbaumholz:**

★ Je mehr Sterne, desto besser das Datum.

In der Regel ist die Überlagerung des Sternbildes und Sternzeichens des Löwen (♌) ein guter Zeitpunkt zum Fällen. Diese Phase entspricht den letzten 24 Stunden der orangen Perioden, wie z. B. am 6. Oktober.

Wird ein Baum gefällt, wenn er noch im **Saft** steht, sollte einige Wochen mit dem Entasten gewartet werden, damit die Zweige dem Holz den Saft entziehen.

- **Verarbeitung:** Damit das Holz nicht arbeitet (Dachstühle, Holzverkleidung usw.), sollte es an den grau gekennzeichneten Tagen montiert werden.

gut sehr gut ★ ausgezeichnet
Rote Tage sind in jedem Fall zu meiden.

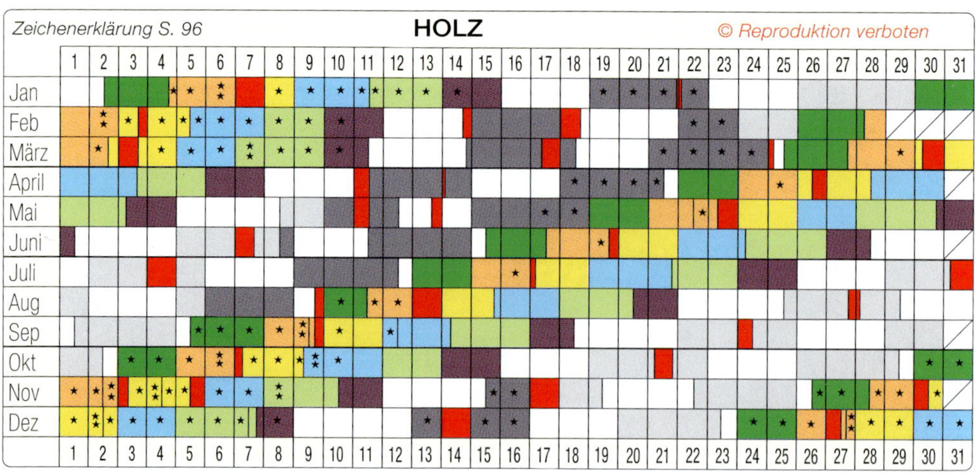

BRENNHOLZ FÄLLEN bei absteigendem Mond. Wenn möglich, sollte der Neumond vermieden werden, da Neumondholz schlecht brennt.

BRENNHOLZ TROCKNEN: Für Brennholz ist der Augenblick des Fällens besonders entscheidend. Wir haben auch festgestellt, dass es besser trocknet, wenn es bei absteigendem Mond aufgeschichtet wird, möglichst an den nachthellen Tagen eine Woche vor und nach Vollmond.

PFÄHLE/PFLÖCKE: Damit sie länger halten, sollten sie bei Neumond oder kurz davor geschnitten und eingeschlagen werden; am besten, wenn der Mond im Sternbild des Löwen steht. Sind sie aus weichem Holz, so kann die Spitze zuvor angesengt werden.

WEIHNACHTSBÄUME werden am besten bei aufsteigendem und zunehmendem Mond geschnitten, um frühes Nadeln zu vermeiden. Im Idealfall geschieht dies bei folgenden Planetenaspekten: Mond in Sextil, Trigon oder Quadratur zu Sonne oder Venus ☾✶△□☉♀ (siehe Seite 14).

Verschiedenes

MOOS, SCHIMMEL UND SALPETER werden am nachhaltigsten an den unten angegebenen Daten beseitigt, wobei ein trockener Wind diesen Effekt noch zusätzlich unterstützt. Es gibt zahlreiche natürliche Mittel wie Natron oder Essig, die wesentlich verträglicher für die Umwelt sind.

Beste Daten zur Entfernung von Moos, Schimmel und Salpeter
JANUAR: 1.*, 19., 20., 26.vm.**, 26.nm.*, 27.*, 28., 29. **FEBRUAR:** 1.*, 19., 20., 26.vm.**, 26.nm.*, 27.*, 28., 29. **MÄRZ:** 21.*, 22.**, 23., 24.vm., 24.nm.* **APRIL:** 18.*, 19.**, 20., 21.vm. **MAI:** 17.*, 18. **JUNI:** 29.nm.* **JULI:** 27.*, 28.*, 29. **AUGUST:** 23.*, 24.*, 25.vm.*, 25.nm., 26., 27.vm., 27.nm.*. **SEPTEMBER:** 19.*, 20.vm.**, 20.nm.*, 21.*, 22., 23. **OKTOBER:** 16.nm. 17.**, 18.vm.*, 18.nm.**, 19., 20., 21.vm.* **NOVEMBER:** 13.vm.*, 13.nm.**, 14.*, 15., 16., 17.**, 22.nm.*, 23.*, 24.vm.** **DEZEMBER:** 10.*, 11.*, 12.*, 13., 14.**, 20.*, 21.*, 22., 23.vm.
(vm. = vormittags; nm. = nachmittags; am besten an Tagen mit *)

QUELLEN werden am besten bei aufsteigendem Neumond gefasst, da das Wasser bei absteigendem Mond schneller versickert.

BOOTE STREICHEN bei abnehmendem Mond, den mit *a, b, c,* i, j, k gekennzeichneten Tagen sowie bei folgenden Planetenaspekten (siehe Seite 14): Mond im Sextil oder Trigon zur Sonne ☾✶△☉ oder Mond in Konjunktur zu Jupiter ☾☌♃. Mondknoten und Mond in Quadratur zur Sonne ☾□☉ vermeiden. Man lässt sie dann bei abnehmendem Mond und, wenn möglich, im letzten Mondviertel vor einem Zeichen der Erde oder Luft ins Wasser.

GRÄBEN halten länger, wenn sie bei Vollmond ausgehoben werden. Werden sie bei aufsteigendem Mond ausgehoben, schließen sie sich schneller, vor allem bei leichtem Erdreich; das gilt vor allem für lockeres Erdreich. Werden sie bei absteigendem Mond gezogen, so neigen sie eher dazu, sich zu vertiefen, halten jedoch besser. Die besten Daten sind daher bei absteigendem Vollmond.

Beste Daten zum Ausheben von Gräben
JANUAR: 2.*, 3.*, 4.vm.*, 31.*. **FEBRUAR:** 1.*, 2.*. **MÄRZ:** 1.nm.*, 2.**, 3.**, 4.vm.**, 31.**. **APRIL:** 1.*, 2.*, 30. **MAI:** 1.*, 2.*, 29.nm.*, 30.*, 31.*. **JUNI:** 1.vm.*, 29., 30. **JULI:** 29. **AUGUST:** 27., 28.vm. **SEPTEMBER:** 26. **OKTOBER:** 25., 26.vm. **NOVEMBER:** 24. **DEZEMBER** 23., 24.*.
(vm. = vormittags; nm. = nachmittags; am besten an Tagen mit *)

WEGE UND PLÄTZE werden am besten an folgenden Tagen angelegt:

MÄRZ: 2.vm., 3.vm., 30. **APRIL:** 25., 26.nm. **MAI:** 22.nm., 23.*. **JUNI:** 19.vm., 19.nm.*. **JULI:** 16., 17.vm. **AUGUST:** 13.*. (vm. = vormittags; nm. = nachmittags; am besten an Tagen mit *)

DRAINAGEN, die bei aufsteigendem Mond angelegt werden, bleiben länger frei.

KAMINKEHREN: Ruß löst sich am besten im ersten Mondviertel, besonders wenn der Mond vor dem Sternbild der Fische oder Jungfrau steht.

Gute Tage zum Kaminkehren sind
JUNI: 21. **JULI:** 19., 20., 21. **AUGUST:** 15., 16., 17., 18. **SEPTEMBER:** 11.nm., 12., 13., 14. **OKTOBER:** 11., 12.vm.

ERSTES KAMINFEUER: Damit der Kamin im Winter gut zieht, wird das erste Kaminfeuer im Herbst bei aufsteigendem Mond an einem „Fruchttag" im dritten Mondviertel angezündet, wie z. B. am Nachmittag des 29. September oder am 26. Oktober.

PUTZEN: Instandhaltungs- und Säuberungsarbeiten sind wirksamer bei absteigendem Mond.

KLEIDUNG: Wird am besten in einer Konjunktion von Mond und Venus ☾ ☌ ♀ Venus (siehe Seite 14 ff.) bis zur nächsten Saison weggeräumt.

PILZE: Wachsen besonders nach Neumond, vor allem, wenn er aufsteigend ist.

SAUERTEIGBROT: Bei aufsteigendem Mond wird das Brot lockerer und schmackhafter. Der Einfluss des absteigenden Mondes kann durch zunehmenden Mond ausgeglichen werden. Mondknoten, Perigäen und die Perioden f, o, w, sollten gemieden werden (siehe Seiten 72 bis 95).

SAUERKRAUT: Das Kraut wird am besten bei aufsteigendem Mond geerntet und angesetzt. Die beim Sauerteigbrot angeführten Perioden sind hier zu meiden.

Gute Tage zur Sauerkrautherstellung
SEPTEMBER: 1.nm., 2., 3., 4., 19., 20.nm., 21.vm., 21.nm.*, 22., 23., 29., 30. **OKTOBER:** 1.vm.*, 2.vm., 16.nm.*, 18.*, 19., 20., 26., 27., 28.vm., 29. **NOVEMBER:** 13.vm.*, 14.vm.*, 14.nm.**, 15.*, 16.*, 22.nm., 23., 24.nm., 25.vm. **DEZEMBER:** 10.*, 11.*, 12.*, 13.*, 20., 21., 23.vm. (vm. = vormittags; nm. = nachmittags; am besten an Tagen mit *)

KONSERVEN: Werden am besten bei absteigendem Mond eingemacht (vor allem, wenn an Zucker gespart werden soll).

BIRKENSAFT: Wird bei aufsteigendem Mond gezapft, wobei Mondknoten und die mit f gekennzeichneten Tage vermieden werden sollten, die zu schnellerer Gärung führen. Die Ernte sollte auf wenige Liter und ältere Bäume beschränkt werden, um die Birken nicht zu schädigen.

WEIDEN und FLECHTMATERIAL: Um eine gute Haltbarkeit und Biegsamkeit zu gewährleisten sowie den Befall durch Schädlinge zu begrenzen, werden Weiden bei zunehmendem und aufsteigendem Mond und, wenn möglich, in einem Luftzeichen geschnitten.

HOLZHÄCKSEL: Um eine bessere Zersetzung/Integration des Häckselgutes in den Boden zu erreichen, verteilen Sie es bei abnehmendem Mond und, wenn möglich, in der t-Periode.

LEBEN MIT DEM MOND

Der Mond wirkt sich auch auf die Menschen aus, wobei manche „mondfühliger“ sind als andere. Auch wenn unser heutiger schneller Alltagsrhythmus die Wahrnehmung der Mondeinflüsse auf unseren Körper möglicherweise verringert, sind sie nichtsdestoweniger vorhanden.

Der niedrigere Melatoninspiegel bei Vollmond kann zu Schlafstörungen führen. Haare oder Nägel wachsen bei absteigendem Mond langsamer nach oder sind kräftiger, wenn sie zum richtigen Zeitpunkt geschnitten werden. Ähnliches gilt für chirurgische oder zahnärztliche Eingriffe.

Einfluss der Mondphasen

Der Einfluss des Voll- und Neumondes kann zwei oder drei Tage lang spürbar sein. Bestimmte Planetenaspekte können die Auswirkungen schwächen oder verstärken. Voll- und Neumond können sich also von einem Monat zum nächsten anders auswirken.

NEUMOND: *Der Mond steht zwischen Erde und Sonne, weshalb seine beschienene Seite nicht sichtbar ist.* Zeit der Erneuerung, für instinktives und spontanes Handeln.

- Ein guter Moment, an neue Projekte zu denken.
- Eine gute Zeit, schlechte Angewohnheiten aufzugeben.
- Der beste Moment zu fasten, um Giftstoffe zu eliminieren.
- Nur langsame Erneuerung der Körperenergie.

ZUNEHMENDER MOND: *Zeitspanne zwischen Neu- und Vollmond, in der die beschienene Mondseite immer sichtbarer wird.* Wir sind subjektiver und kreativer.

- Ein guter Moment, neue Projekte anzupacken.
- Eine Zeit, in der wir uns leichter nach außen wenden.
- Ein guter Moment, neue Dinge zu lernen.
- Der Körper verbraucht einen Großteil der Ernährung für seine Entwicklung.
- In dieser Periode heißt es aufpassen, wenn wir nicht zusätzliches Gewicht ansetzen wollen.
- Eine gute Zeit, um Neues zu lernen oder in die Wege zu leiten.

VOLLMOND: *Die Erde steht zwischen Sonne und Mond, weshalb seine ganze beschienene Seite sichtbar ist.* Periode der Vollendung. Zeit der Reflexion und Bewusstwerdung.

- Ein guter Moment Projekte zu konkretisieren.
- Wir sind ebenso fit wie ruhelos.
- Rasche Erneuerung der Körperenergie.
- Die hellen Nächte regen zum Wachbleiben an und stören den Schlaf.
- Die durch den Vollmond bedingte Nervosität kann durch sportliche Tätigkeit ausgeglichen werden.
- Gute Zeit zur Meditation.

ABNEHMENDER MOND: *Zeitspanne zwischen Voll- und Neumond, in der die beschienene Mondseite immer weniger zu sehen ist.* Eine gute Zeit, Dinge abzuschließen. Wir sind objektiver und können Ideen besser in die Tat umsetzen.

- Ein guter Moment, Projekte abzuschließen und bekannt zu machen.
- Zeit der Verinnerlichung, des Geistes und der Spiritualität.
- Ein guter Moment zur Übermittlung von Ideen.
- In dieser Zeit werden am besten Aktionen begonnen, die bestimmte Organe entlasten und entgiften sollen. Gifte werden in dieser Phase schneller eliminiert.

Entgiftung durch Heilpflanzen

Heilkuren mit Pflanzen oder natürlichen Mitteln können den Körper recht wirksam entschlacken und Gifte eliminieren. Der Wechsel zwischen zwei Jahreszeiten (vor allem im Frühling) eignet sich gut für solche Detox-Kuren, die im Idealfall drei Wochen durchgeführt werden sollten.

- **Leberreinigung:** Sollen Giftstoffe über die Leber ausgeschieden werden, wird die Kur am besten beim Mond im Zeichen der Jungfrau begonnen. Hierfür eignen sich Pflanzen wie Rettich, Mariendistel, Artischocke, Chrysanthellum, Löwenzahn, Bohnenkraut, Rosmarin oder Boldo.

- **Nierenreinigung:** Wenn Giftstoffe vor allem über die Nieren ausgeschieden werden sollen, wird die Kur am besten beim Mond im Zeichen der Waage begonnen. Gute Pflanzen für solche Kuren sind: Petersilie, Brennnessel, Schachtelhalm, Lauchwurzel, Esche und Lindenrinde.

Ein Kurbeginn bei abnehmendem Mond im Sextil oder im Trigon zur Sonne ☾✶ △☉ (siehe Seite 14 ff.) ist förderlich.

Heilfasten

Heilfasten tut fast allen Menschen gut. Dennoch sollte man zuvor den Rat des Hausarztes einholen, den man in jedem Fall auch bei längeren Fastenperioden aufsuchen sollte.

Der beste Augenblick für eintägiges Fasten ist der Neumond, da der Körper sich hier nachhaltiger reinigt. Auch eine einwöchige Fastenkur sollte bei Neumond begonnen werden. Längeres Heilfasten beginnt man am besten bei abnehmendem Mond, wenn dieser im Sextil zur Sonne ☾✶☉ steht (siehe Seite 14 ff.).

Massagen

Jedes Mal, wenn der Mond in einem bestimmten Sternzeichen steht, aktiviert dies bestimmte Körperregionen (Tabelle Seite 69). Sie sind in diesen Phasen empfänglicher für Massagen an den entsprechenden Stellen.

Belebende Wirkung haben Massagen bei zunehmendem und aufsteigendem Mond, besonders wenn beide zusammenfallen, sowie in den Perioden **a**, **c**, **i**, **k**.

Entspannende Wirkung haben Massagen bei abnehmendem und absteigendem Mond, besonders wenn beide zusammenfallen, sowie in den Perioden **r** und **t**.

Haare

Auch die Haare stehen unter dem Einfluss des Mondes. Der Moment des Haarschnitts wirkt sich demnach auch auf Vitalität und Wachstum des Haars aus. In der folgenden Tabelle wurden die wichtigsten Aspekte zusammengefasst.

Die grünen und gelben Tage (vor allem mit Sternen *) sind in jedem Fall günstig für den Haarschnitt und sollten auch dann berücksichtigt werden, wenn Sie keine besonderen Haarprobleme haben.

Dichtes, kräftiges Haar, Haarausfall

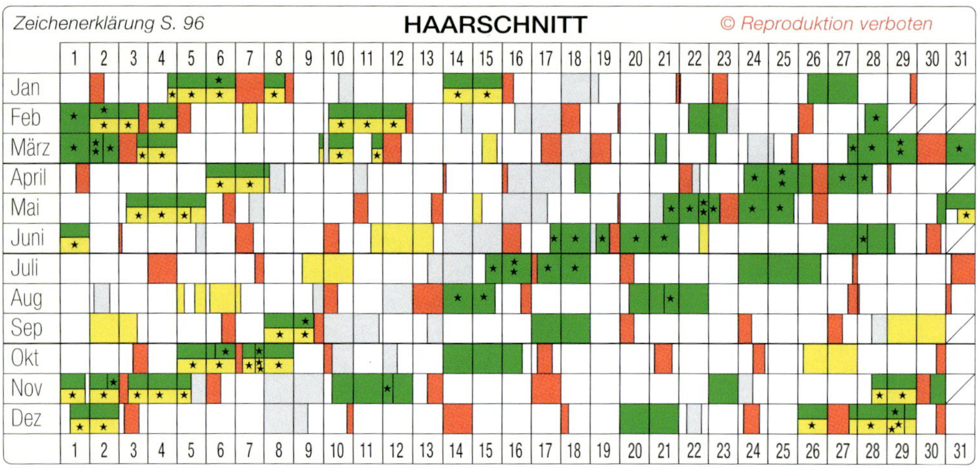

- Gelb: Gute Tage für einen Haarschnitt für **stärkeres und dichteres Haar**.
- Grün: Gute Tage für einen Haarschnitt zur **Hemmung des Haarausfalls**.
- Grau: Graue Tage sind ungünstig.
- Rot: Rote Tage sind besonders zu **vermeiden**.
- ★ Je mehr Sterne, desto besser ist der jeweilige Tag.
- Weiß: Neutral.
- Eine senkrechte Linie unterteilt den Tag in Vor- und Nachmittag. Beispiel: gegen Haarausfall (grün) am Vormittag, neutral (weiß) am Nachmittag.
- Eine waagerechte Linie zeigt, dass derselbe Tag für beide Aspekte geeignet ist.

HAARMASKEN *** sind am wirksamsten bei zunehmendem und aufsteigendem Mond an einem Erd- oder Wasserzeichen (siehe Seiten 72 bis 95).

Gespaltenes Haar, Dauerwelle, Färbung, Haarwuchs

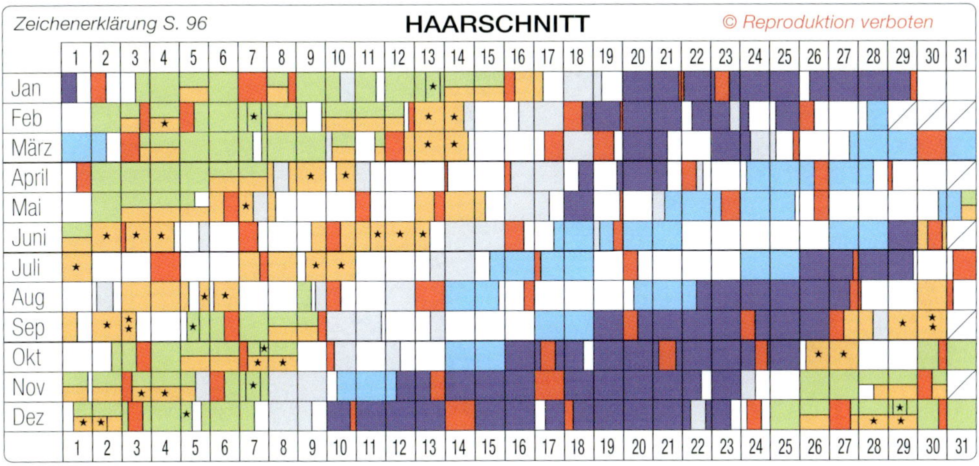

- Zur Vermeidung von **gespaltenem Haar** und für **langsameren Haarwuchs.**
- Für schönere und länger haltende **Haarfärbung.**
- Zur Vermeidung von Haarschäden durch **Dauerwellen.**
- Zur Vermeidung von **Knoten** und für geschmeidigeres Haar.
- ★ Je mehr Sterne, desto besser ist der jeweilige Tag.
- Rote Tage sind besonders zu **vermeiden**.
- Graue Tage sind ungünstig.
- Neutral.
- Eine senkrechte Linie unterteilt den Tag in Vor- und Nachmittag. Beispiel: Dauerwellen (orange) am Vormittag, neutral (weiß) am Nachmittag.
- Eine waagerechte Linie zeigt, dass derselbe Tag für beide Aspekte geeignet ist.

Babys ...

Der erste Haarschnitt hat Auswirkungen auf die künftige Vitalität der Haare. Dafür eignen sich am besten folgende Tage:

JANUAR: 6. **FEBRUAR:** 2. **MÄRZ:** 2.vm., 29., **APRIL:** 25. **MAI:** 22.nm. **JUNI:** 19. (8 Uhr – 14 Uhr). **JULI:** 16. **SEPTEMBER:** 9.vm. **OKTOBER:** 6. nach 10 Uhr. **NOVEMBER:** 2. nach 14 Uhr. **DEZEMBER:** 29.vm.
(vm. = vormittags; nm. = nachmittags; am besten an Tagen mit *)

Nagelpflege

Nägel zum richtigen Zeitpunkt zu schneiden, kann sie stärken und ihr Wachstum stimulieren.
Um das Risiko brechender oder auch eingewachsener Nägel zu vermeiden, sollten sie an folgenden Tagen geschnitten werden.

Die besten Daten sind:

- Rot: Für starke und widerstandsfähige Nägel.
- Hellblau: Gegen eingewachsene Nägel.

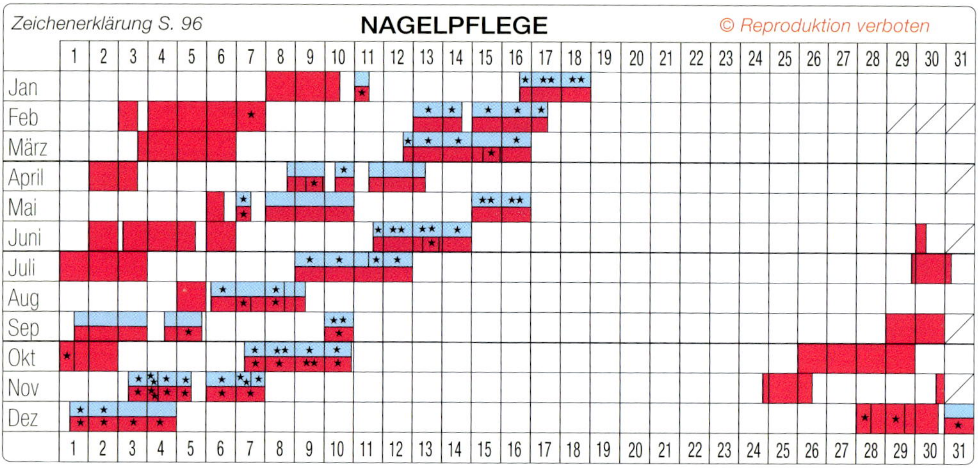

Hornhaut und Hühneraugen

Werden am besten bei abnehmendem Mond vor dem Sternzeichen des Steinbocks oder Stiers entfernt. Der zunehmende Mond sollte mit dem Zeichen der Jungfrau oder Waage assoziiert werden.

Warzen

Warzen können mit dem Saft bestimmter Pflanzen (wie z. B. des Warzenkrauts, der Ringelblume oder des Feigenbaums) entfernt werden. Dazu beginnt man am besten im letzten Viertel des abnehmenden Mondes sowie in den Perioden q und k (siehe Seiten 72 bis 95).

Wurmbehandlung

Darmwürmer werden am besten zwei bis drei Tage vor Neu- oder Vollmond behandelt. Zur natürlichen Wurmbehandlung verwenden wir u. a. Knoblauch, Beifuß, Schwarzwalnussschalentinktur, Rainfarn, Gewürznelken oder Kürbiskerne.

Enthaarung

Der Zellwuchs der Körperhaare variiert nach den Mondphasen. So beschleunigen bestimmte Tage den Haarwuchs, während andere ihn bremsen. An den unten angeführten Tagen währt die Enthaarung am längsten.

Beste Daten für eine lang anhaltende Enthaarung:

mittel — relativ gut — gut — sehr gut — ★ ausgezeichnet — weniger gut

Eine senkrechte Linie unterteilt den Tag in Vor- und Nachmittag.

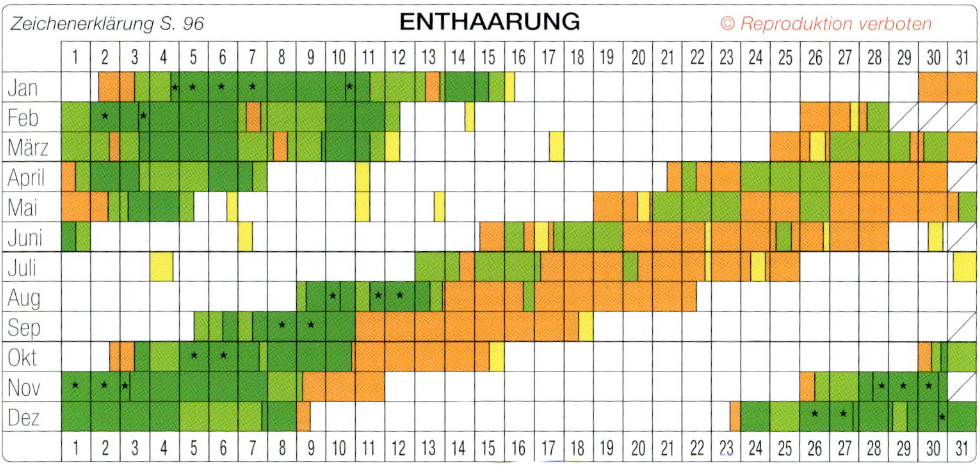

Hautpflege

HAUTREINIGUNG (Hautunreinheiten, Akne usw.): Am besten bei absteigendem Mond mit einem Venusaspekt ☾ ☌ ✶ □ △ ♀ (siehe Seiten 14 bis 17).

DIE ERNÄHRUNG DER HAUT: Für das Auftragen der verschiedenen Gesichtsmasken, Feuchtigkeits- und Nährcremen usw. hängt der geeignete Augenblick vom Hauttyp ab.

- **Trockene und normale Haut:** Die Hautpflege ist wirksamer bei zunehmendem Mond, wobei die Sternzeichen des Widders, Krebses und Steinbocks vermieden werden sollten.

- **Fettige Haut:** Bei abnehmendem Mond, wenn der Mond im Trigon und vor allem im Sextil zur Sonne steht ☾ △ ✶ ☉ (siehe Seiten 14 bis 17), werden Stoffe zwar etwas weniger von der Haut aufgenommen, doch ist ihre Pflegewirkung wesentlich größer.

Wenn Sie die Möglichkeit haben, Ihre Haut mit Tau zu befeuchten, bevor Sie eine Creme auftragen, so verstärkt dies ihre Wirkung. Außerdem ist es sehr gesund, barfuß im Morgentau zu gehen.

Ernährung

Der zunehmende Mond fördert die Aufnahme von Nährstoffen, ist also eine gute Zeit für einen Kurbeginn mit Nahrungsergänzungsmitteln. Die Verdauung erfordert weniger Energie bei zunehmendem und aufsteigendem Mond.

• **Milchsäuregärung:** Fermentierung ist ein uraltes Verfahren zur Konservierung von Lebensmitteln, bei dem Gemüse ohne Sauerstoff in Salz oder einer Salzlauge eingelegt wird. Die Milchsäuregärung hat den Vorteil, dass der Nährwert der Lebensmittel erhöht und gleichzeitig Probiotika entwickelt werden, die die Verdauung fördern.

Durch die Wirkung von Milchsäurebakterien, die natürlicherweise auf der Gemüseschale vorkommen, wandelt die Laktofermentation den in den Lebensmitteln enthaltenen Zucker in Milchsäure um. Durch die Senkung des pH-Werts der Lebensmittel hemmt dieser natürliche Umwandlungsprozess die Vermehrung unerwünschter Mikroorganismen und ermöglicht eine optimale Konservierung des Gemüses. Diese Gärung ohne Sauerstoff hat den Vorteil, dass sie die Haltbarkeit von Gemüse verbessert und gleichzeitig seinen Nährwert steigert. Die Milchsäuregärung bewahrt nicht nur die Vitamine und Nährstoffe des Gemüses, sondern erhöht auch den Gehalt an Vitamin C, K und B. Außerdem erleichtern die erzeugten Probiotika die Aufnahme von Nährstoffen. Laktofermentiertes Gemüse ist also nährstoffreicher und leichter verdaulich als rohes Gemüse.

Gemüse kann mit Trockensalz oder Salzlauge vergoren werden. Welches Verfahren verwendet wird, hängt hauptsächlich vom Wassergehalt des Gemüses ab. Das Trockensalzen wird für fein geschnittenes Gemüse verwendet, weil genügend Saft austreten kann, um es zu bedecken, wobei etwa 10 bis 20 g Salz pro Kilo verwendet werden. Für zerkleinertes Gemüse verwendet man Lake mit 30 g Salz pro Liter Wasser. Das Gemüse muss gut zusammengedrückt werden, damit es mit dem Saft oder der Lake bedeckt ist. Wir stellten ein besseres Ergebnis fest, wenn das Wurzelgemüse bei abnehmendem Mond und die anderen Gemüsearten bei zunehmendem Mond geerntet wurden. Was den Zeitpunkt der Durchführung betrifft, so sollte man die im Kalender rot markierten negativen Einflüsse meiden.

Die Milchsäuregärung ist ungefährlich, da der durch den Fermentationsprozess erreichte Säuregrad schädliche Bakterien abtötet. Im Falle einer misslungenen Gärung gibt es keine Zweifel, da sie sofort durch schlechten Geruch beim Öffnen des Glases zu erkennen ist.

Zusammenfassend lässt sich sagen, dass die Milchsäuregärung eine Konservierungsmethode ist, die nicht nur die Haltbarkeit von Lebensmitteln, sondern auch deren Nährwert und Geschmack verändert. Sie stellt eine gesunde, natürliche und umweltfreundliche Methode dar, um die Haltbarkeit von Gemüse zu verlängern und gleichzeitig Verdaulichkeit und Nährstoffreichtum zu verbessern.

• **Keimlinge:** Ein Samen enthält alles, was für seine Entwicklung notwendig ist. Aber erst wenn er keimt, entfaltet er sein ganzes Nährstoffpotenzial. Dank des Keimungsprozesses werden die gekeimten Samen vom Körper perfekt aufgenommen. Extrem reich an Vitaminen, Enzymen und anderen mineralischen Elementen, haben Keimlinge alle Vorteile lebendiger Nahrung.

Zahnbehandlung

In der folgenden Tabelle haben wir die positiven und negativen Einflüsse auf diverse Zahnbehandlungen zusammengefasst. Durch die Wahl des richtigen Zeitpunkts erholt sich unser Organismus schneller und reagiert besser auf die Behandlung.

- Grüne Tage eignen sich besonders zum Ziehen von Zähnen.
- Mit Pfeilen versehene grüne Tage sind nur günstig zum Ziehen von Zähnen im Oberkiefer.
- Gelbe Tage eignen sich für Implantate und Kronen.
- ★ Je mehr Sterne, desto besser ist der jeweilige Tag.
- Rote Tage sind besonders zu **vermeiden**.
- Neutral.
- Eine senkrechte Linie unterteilt den Tag in Vor- und Nachmittag, z. B. guter Vormittag zum Ziehen von Zähnen, neutraler Nachmittag.
- Eine waagerechte Linie zeigt, dass derselbe Tag für verschiedene Zahnbehandlungen geeignet ist.

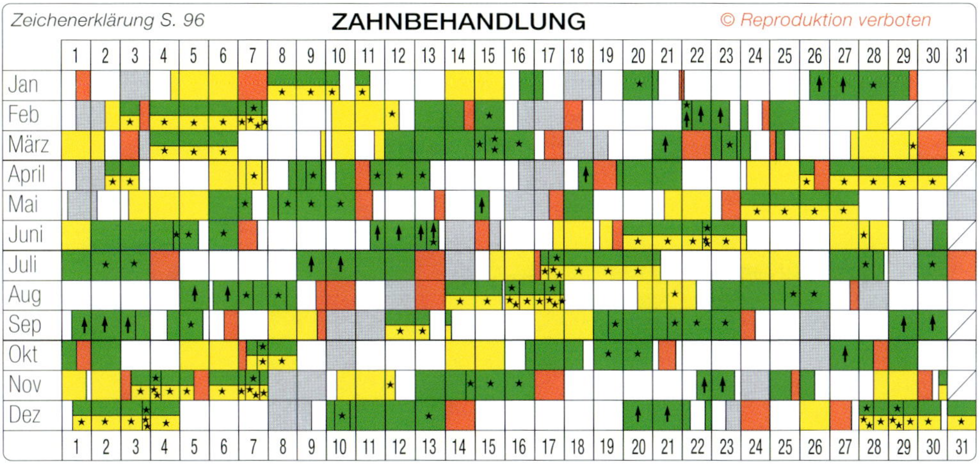

Amalgamfüllungen werden am besten bei abnehmendem und, wenn möglich, absteigendem Mond in der Woche vor Neumond entfernt. Feuerzeichen und die in der folgenden Tabelle rot oder mit ☐ gekennzeichneten Tage sollten vermieden werden.

Werden Zähne an Tagen mit zwei Farben gefüllt, halten Füllungen länger.

Zahnstein wird am besten im letzten Viertel vor Neumond entfernt. Steht der Mond vor einem Erd- oder Luftzeichen, ist diese Reinigung noch effizienter. Auch hier sollten die in der Tabelle rot oder mit ☐ gekennzeichneten Tage vermieden werden.

Operationen

Der Mond beeinflusst auch den Heilungsprozess nach Operationen. Natürlich ist dem Rat des Arztes Folge zu leisten. **Die folgenden Ausführungen beziehen sich insbesondere auf Eingriffe, bei denen das Datum ohne Dringlichkeit entschieden werden kann.**

Nicht alle Menschen sind gleichermaßen „mondfühlig". Wer hat sich nicht schon in einer schlaflosen Vollmondnacht über den tiefschnarchenden Partner gewundert. Das Gleiche gilt auch für das Heilen mit dem Mond. Aber auch wenn es hier keine allgemein gültigen Regeln gibt, so ist eine Operationsplanung an den richtigen Daten heilungsfördernd.

Für bessere Wundheilung und schnellere Genesung sind planbare Operationen an folgenden Tagen am besten:

gut   sehr gut   ★ ausgezeichnet   Neutral

Außer in Notfällen sollten Operationen an diesen Tagen vermieden werden, da sie die Wundheilung und Genesung verlangsamen.

Eine senkrechte Linie unterteilt den Tag.

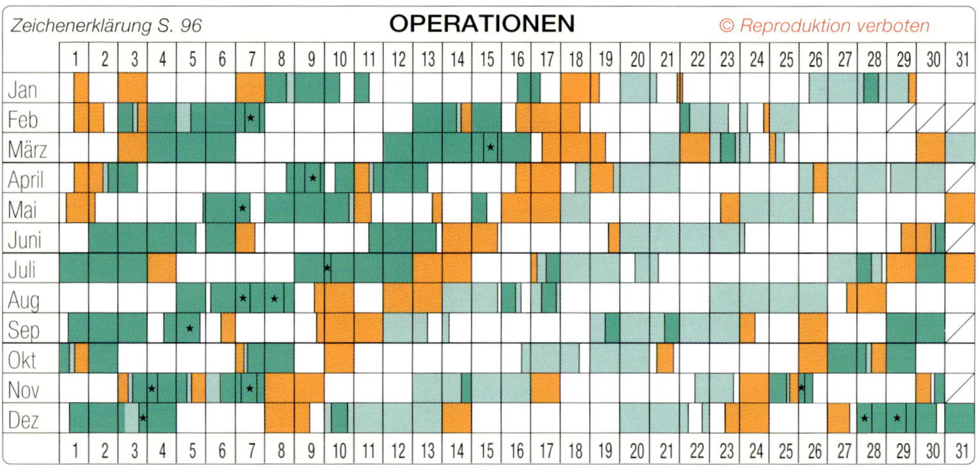

Auf der nächsten Seite sind die Übereinstimmungen der verschiedenen Körperzonen mit den Sternzeichen angegeben. Wandert der Mond durch die jeweiligen Zeichen, stimuliert dies die entsprechenden Körperteile. Diese Stimulierung erweist sich als günstig für Massagen (siehe Seite 61), aber nicht für chirurgische Eingriffe, weshalb solche nicht an diesen Tagen geplant werden sollten. Prüfen Sie zunächst, welchem Sternzeichen der betreffende Körperteil zugeordnet ist (z. B.: Schulter = Zwillinge, siehe S. 69). Wählen Sie dann in der obigen Tabelle ein grünes Datum aus, welches nicht dem jeweiligen Sternzeichen entspricht.

Handelt es sich also um keinen Notfall, sollte ein gutes Operationsdatum in obiger Tabelle gewählt und dann auf der Tafel auf Seite 69 überprüft werden, ob der Mond zu diesem Zeitpunkt nicht gerade in einem dem Körperteil entsprechenden Sternzeichen steht.

Übereinstimmungen von Körperzonen und Sternzeichen

Wandert der Mond durch die jeweiligen Sternzeichen (siehe Seiten 72 bis 95), sollten Operationen an den entsprechenden Körperteilen vermieden werden.

So ist z. B. der 13. Februar laut Tabelle von Seite 68 zwar ein guter Zeitpunkt für Operationen, doch sollten chirurgische Eingriffe am Knie beim Mond im Steinbock vermieden werden.

♈ **WIDDER:** Die oberen Kopfpartien: Schädel, Gehirn, Oberkiefer, Gesicht, Gesichtsmuskulatur, Augen

♉ **STIER:** Hals, Nacken, Lippen, Gaumen, Kehlkopf, Mandeln, Zunge, Ohren, Kleinhirn, Halswirbel, Schilddrüse, Unterkiefer

♊ **ZWILLINGE:** Obere Gliedmaßen, Hände, Lungen, Bronchien, Atemwege, Nervensystem, Blutgefäße

♋ **KREBS:** Speiseröhre, Magen, Rippen, Brustbein, linker Leberlappen, Bauchspeicheldrüse, Brüste, Zwerchfell

♌ **LÖWE:** Herz, Solarplexus, Herzschlagader, Rückenwirbel, Rückenmark

♍ **JUNGFRAU:** Bauchgegend, Zwölffingerdarm, Milz, rechter Leberlappen, Dünndarm, Dickdarm

♎ **WAAGE:** Nieren, Nebennierendrüsen, Harnleiter, Lendengegend, Haut

♏ **SKORPION:** Blase, Harnröhre, Geschlechtsorgane, Prostata, absteigender Grimmdarm, Mastdarm, Nase, Schambein

♐ **SCHÜTZE:** Hüfte, Becken, Steißbein, Kreuzbein, Oberschenkelknochen, Hüftbein, Sitzbein, Ischias, Schenkelschlagader, untere Hohlvene

♑ **STEINBOCK:** Knie, Kniescheiben, Meniskus, Haut, Nägel, Haare, Knochen

♒ **WASSERMANN:** Beine, Schienbein, Wadenbein, Fußknöchel, Achillessehne

♓ **FISCHE:** Füße, Zehen, Lymphkreislauf

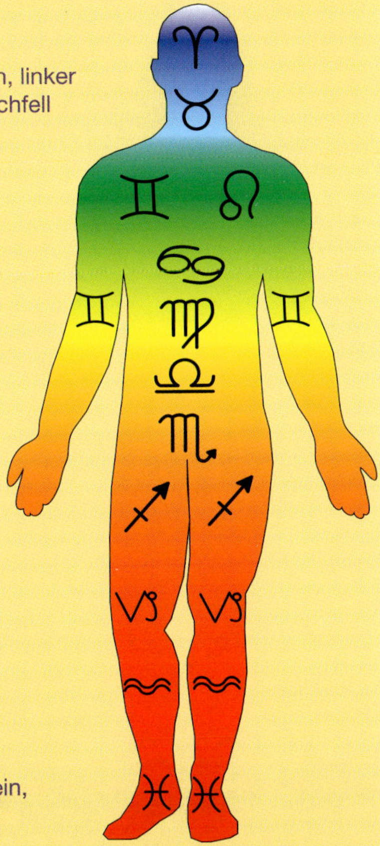

Die Kurven verstehen ...

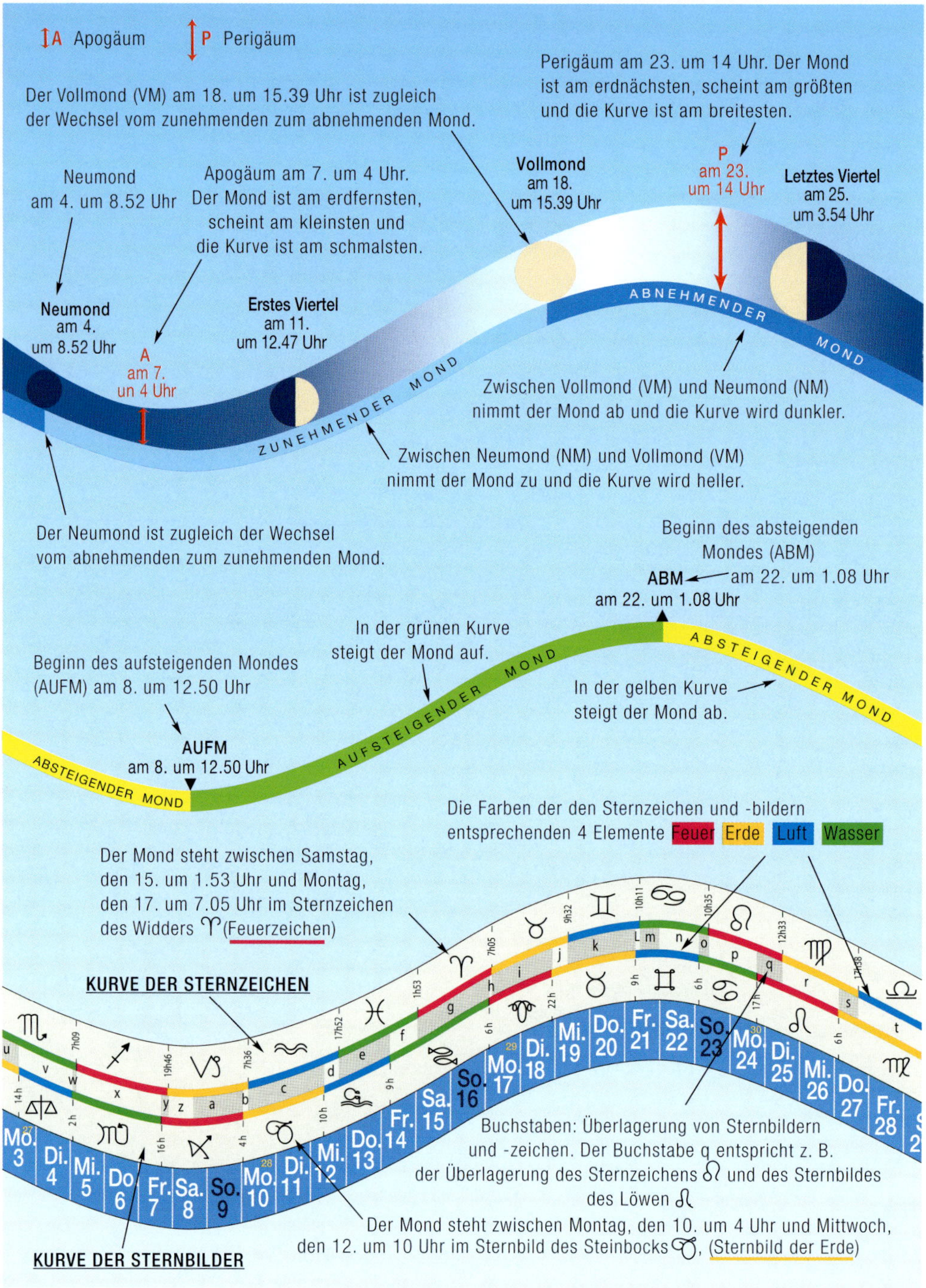

... auf einen Blick

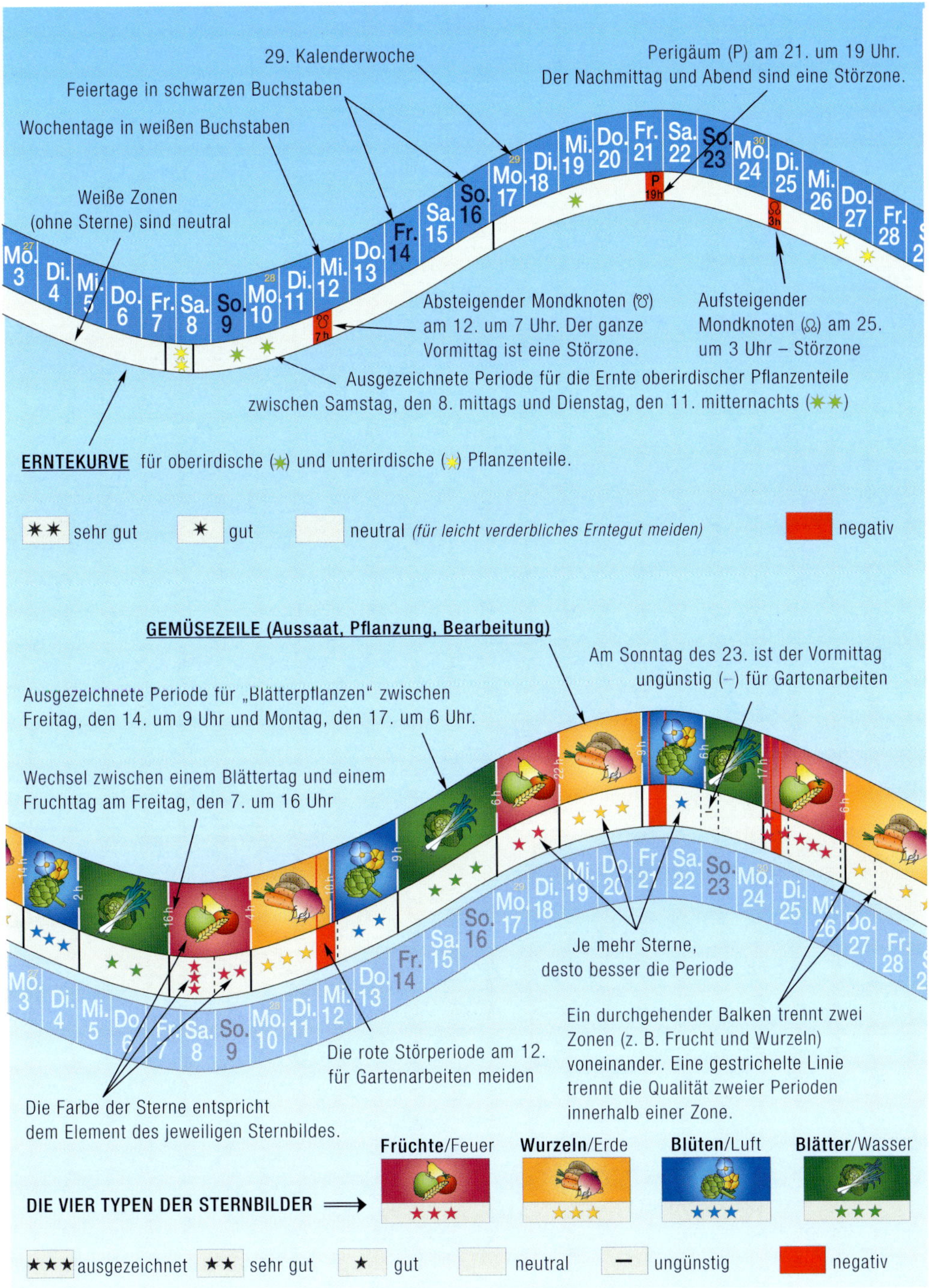

JANUAR

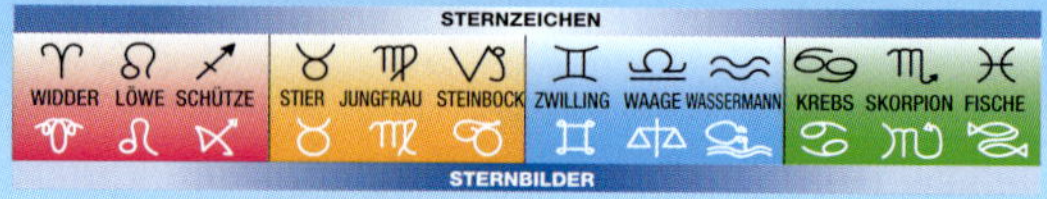

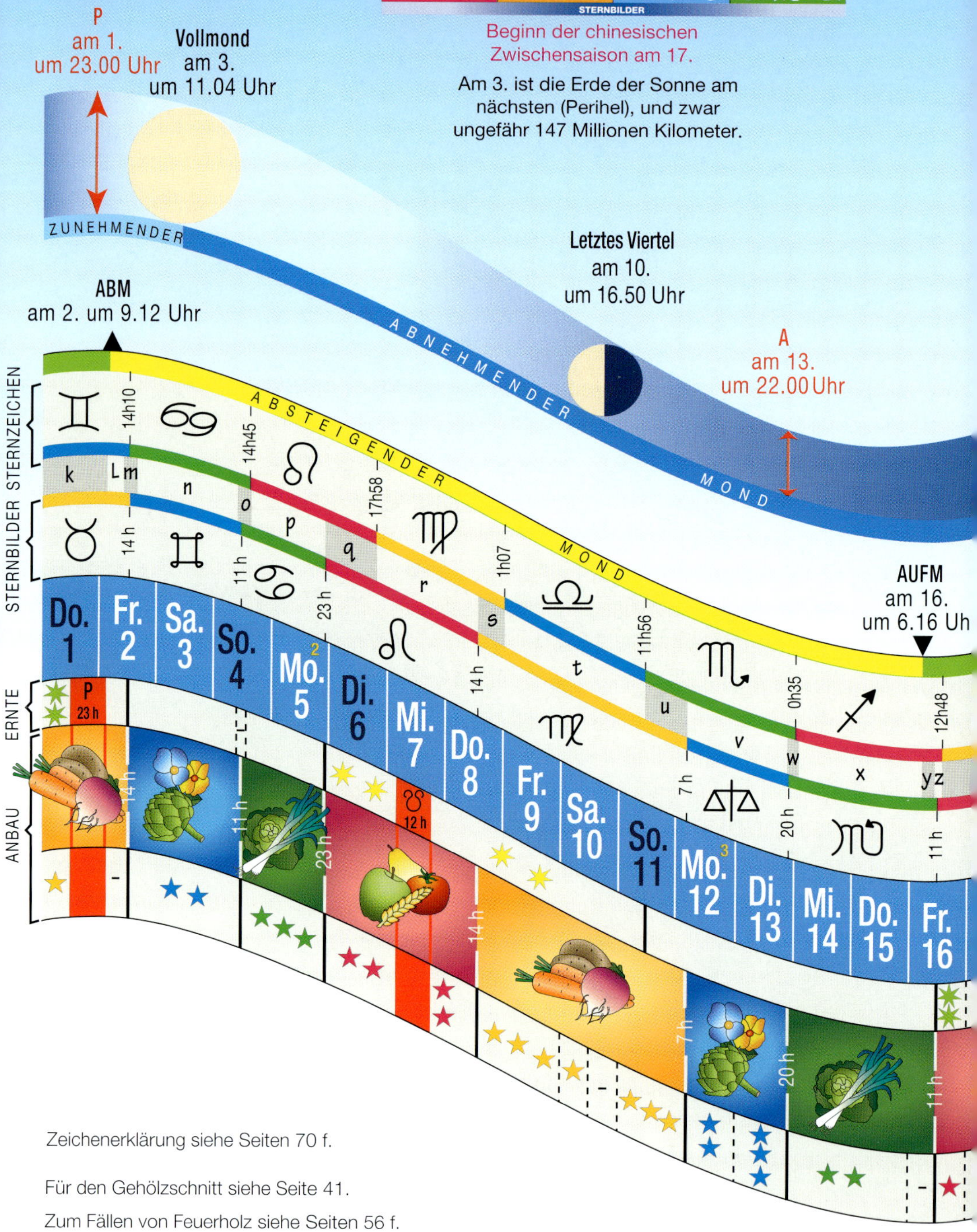

Zeichenerklärung siehe Seiten 70 f.

Für den Gehölzschnitt siehe Seite 41.

Zum Fällen von Feuerholz siehe Seiten 56 f.

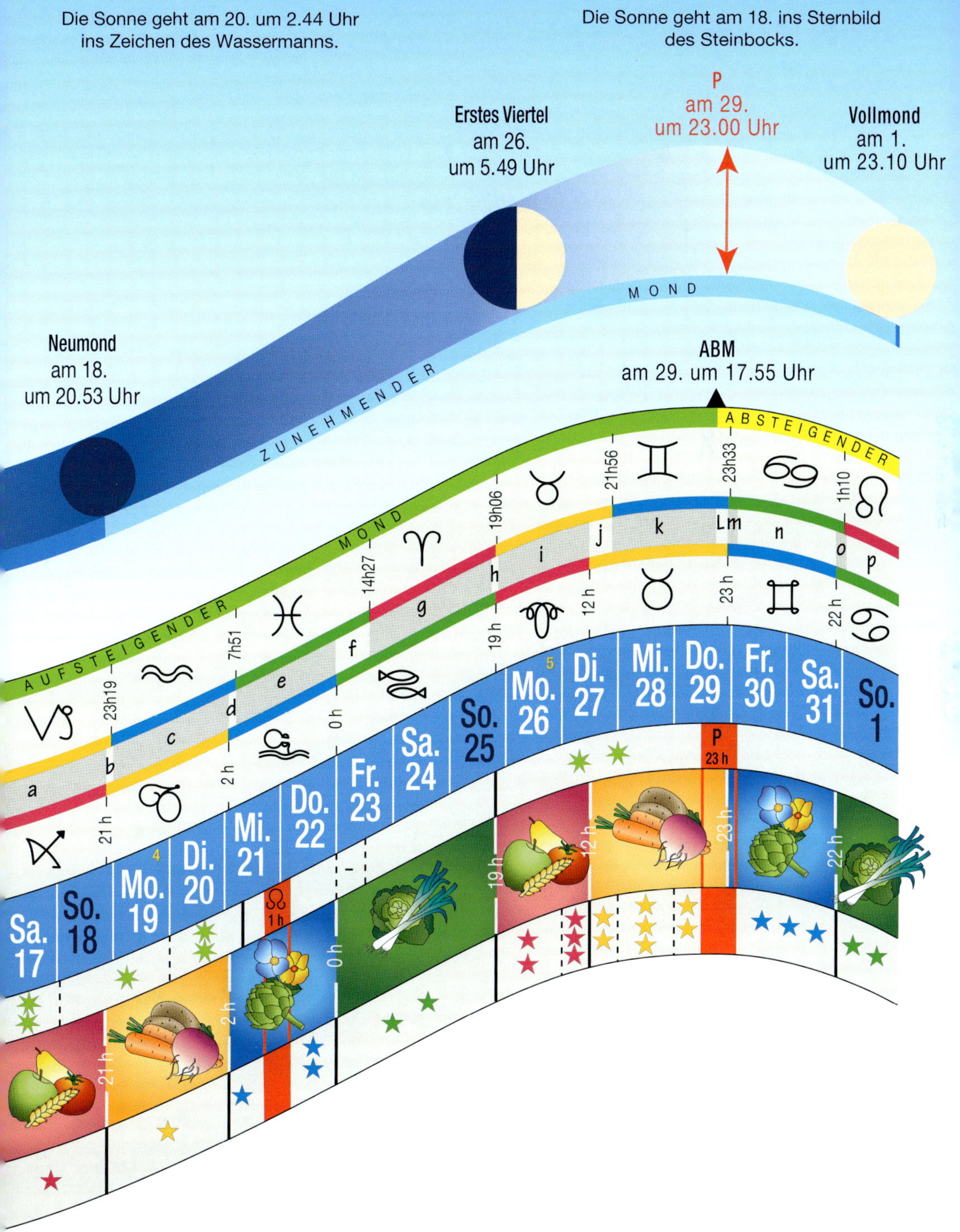

Alle Zeiten sind in Lokalzeit (MEZ) angegeben und berücksichtigen auch den Wechsel von Sommer- und Winterzeit.

FEBRUAR

Beginn des chinesischen Frühlings am 3.

Die Sonne geht am 14. ins Sternbild des Wassermanns.

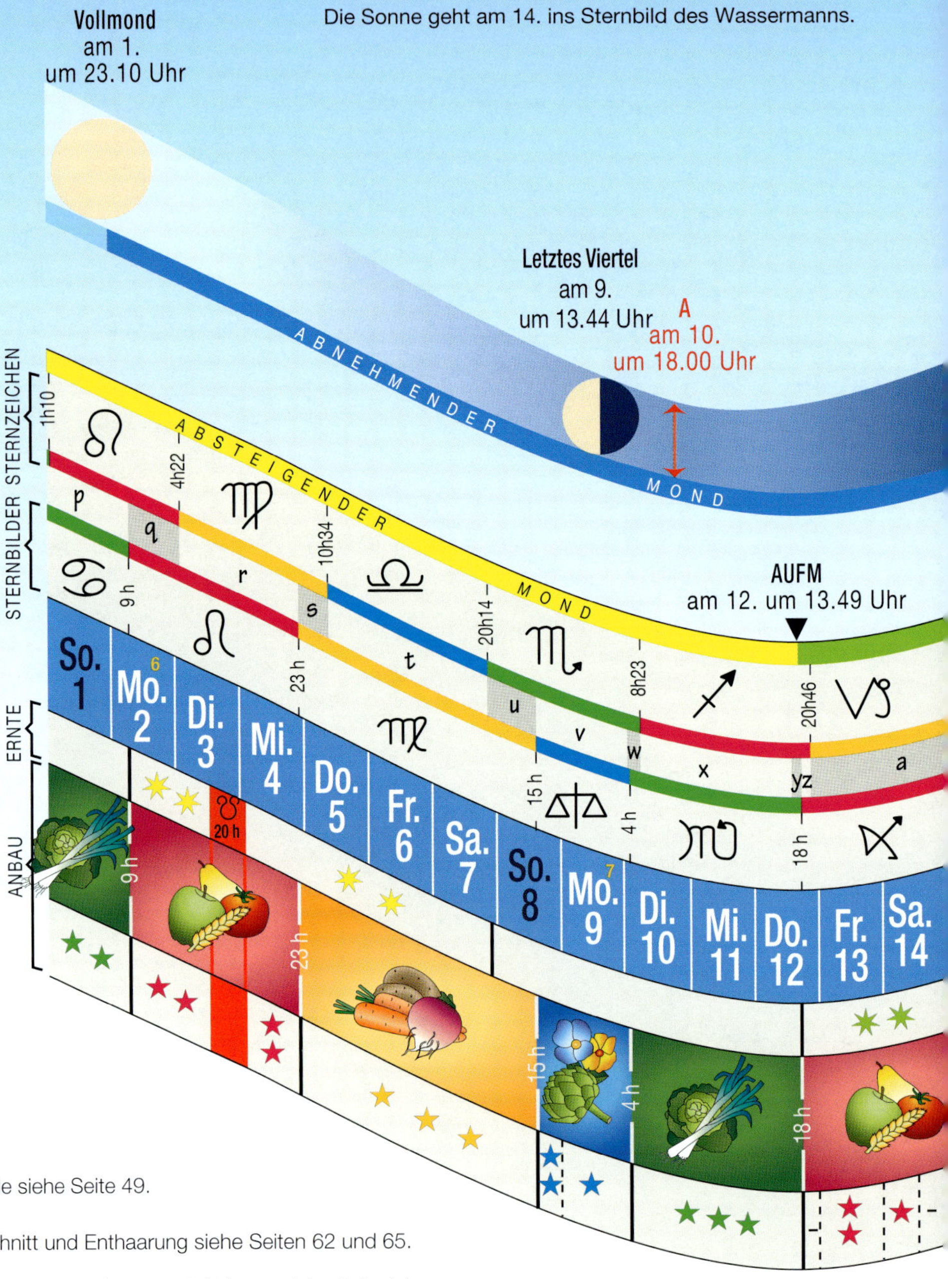

Getreide siehe Seite 49.

Haarschnitt und Enthaarung siehe Seiten 62 und 65.

Zur Sonnenfinsternis vom 17. Februar siehe Seite 11.

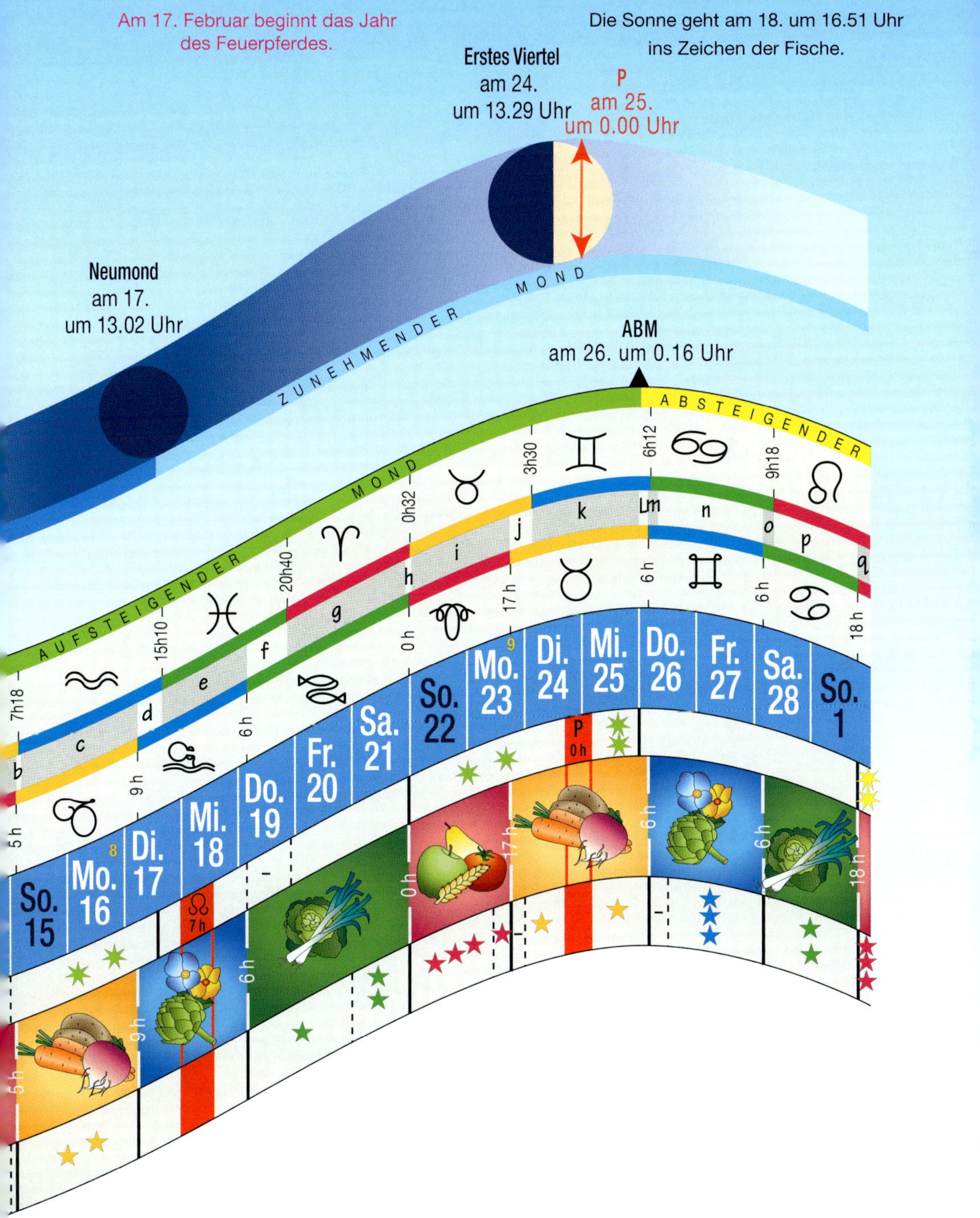

Alle Bodenarbeiten (besonders die tiefen), Pflanzungen (vom Salat bis hin zum Baum) sowie das Ausbringen von Kompost, Mist usw. sollten nach Möglichkeit bei absteigendem Mond stattfinden, um die Wurzeln der Pflanzen zu stärken (siehe Seite 7).

MÄRZ

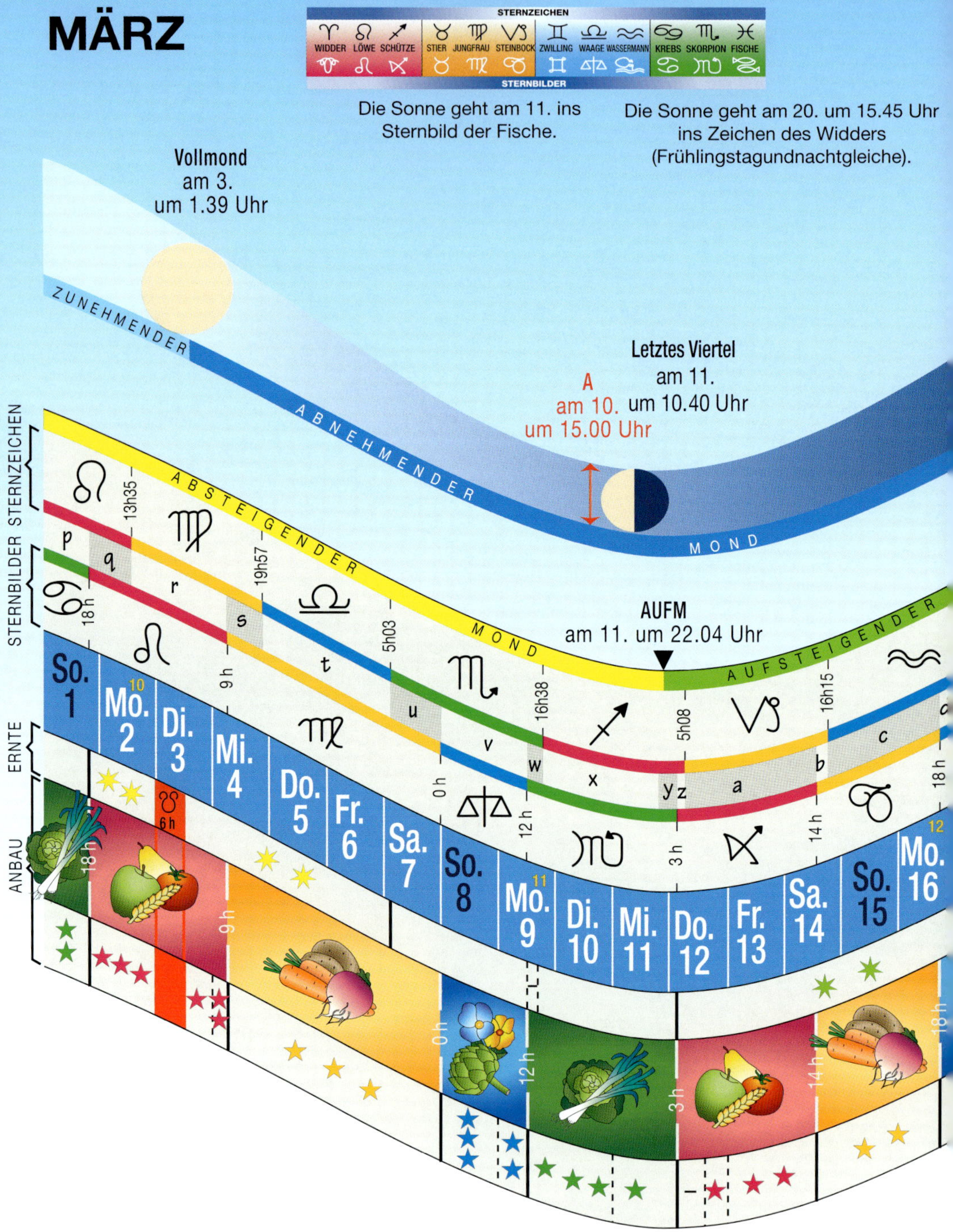

März ist ein guter, doch auch der letzte Monat für den **Gehölzschnitt**: Am besten bei absteigendem Mond zwischen dem 1. und 11., wobei der Vormittag des 3. vermieden werden sollte (siehe Seite 41 f.).

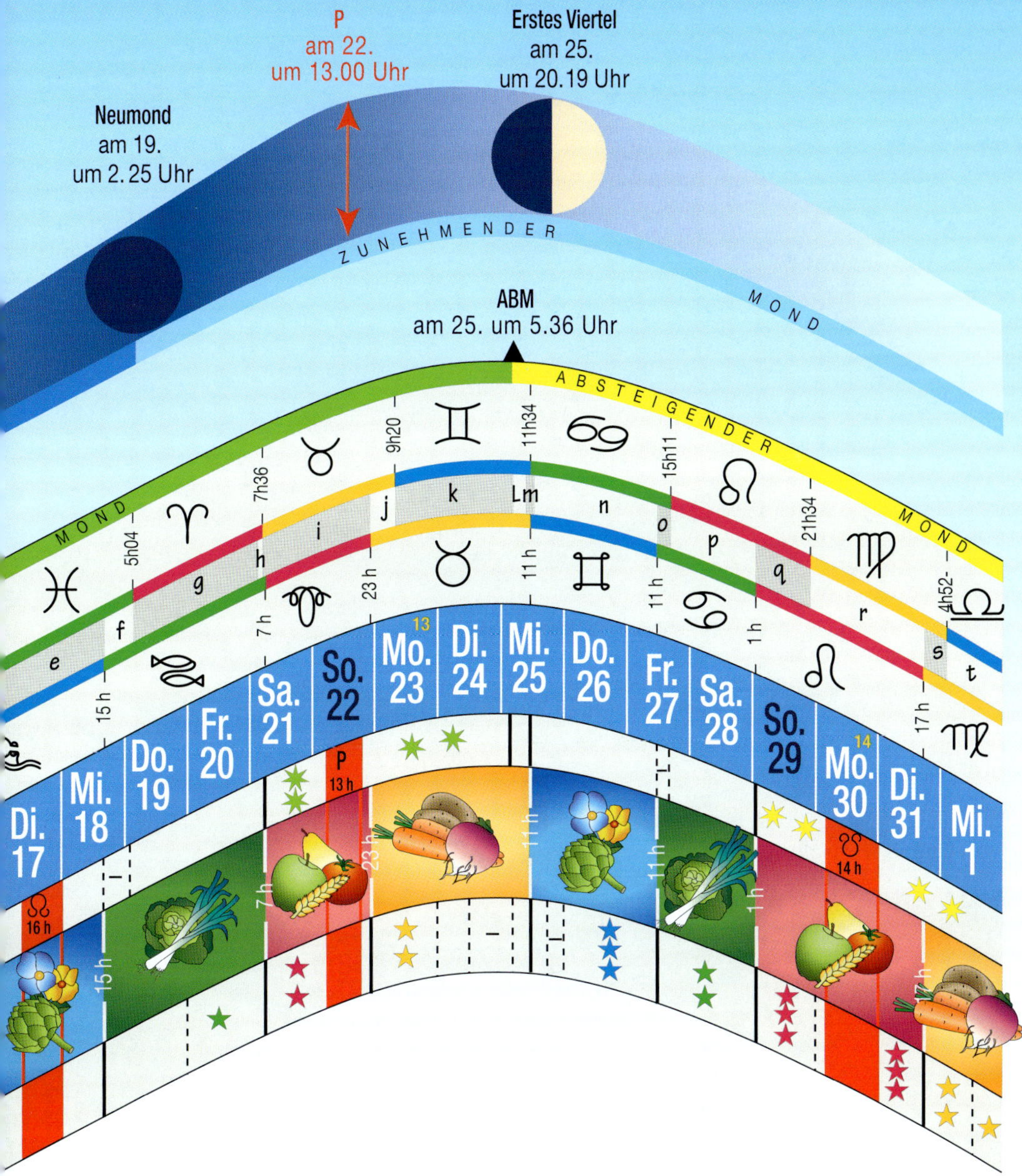

Um das **Auswachsen** von **Zwiebeln** zu verhindern, werden sie an „Wurzeltagen“ bei absteigendem Mond (z. B. zwischen dem 4. und 7. März) gepflanzt. Spargel wird am besten bei absteigendem Mond an einem Blättertag (wie z. B. am 1., 10. oder 28. März) oder an einem Wurzeltag (z. B. zwischen dem 4. und 7. März) gepflanzt.

Zur Mondfinsternis vom 3. März siehe Seite 11.

APRIL

Beginn der chinesischen Zwischensaison am 17.

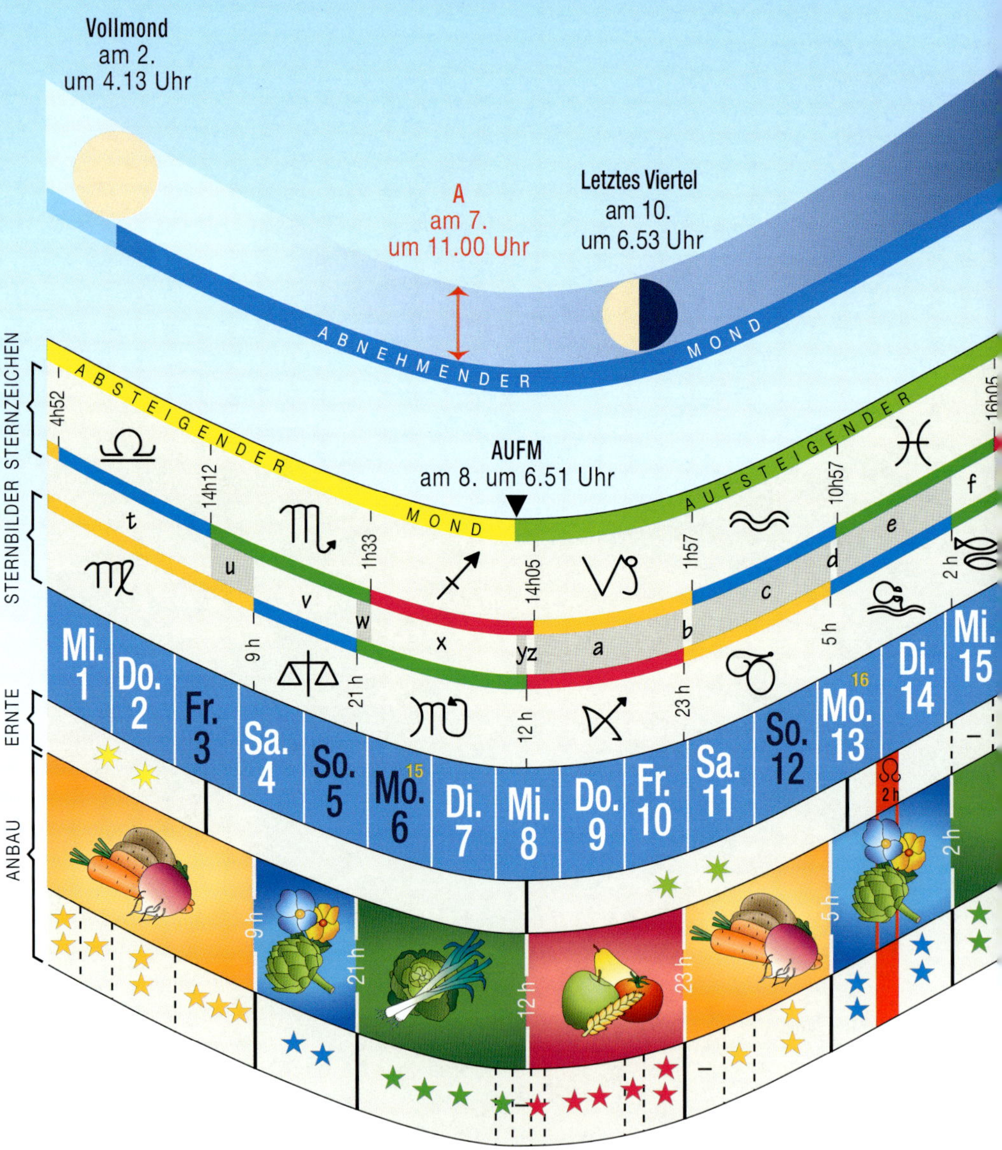

Die besten Tage zum Pflanzen von **Kartoffeln**: zwischen dem 1. und 3. oder zwischen dem 28. April und 1. Mai.

Der Beginn der Fliederblüte ist ein guter Anhaltspunkt.

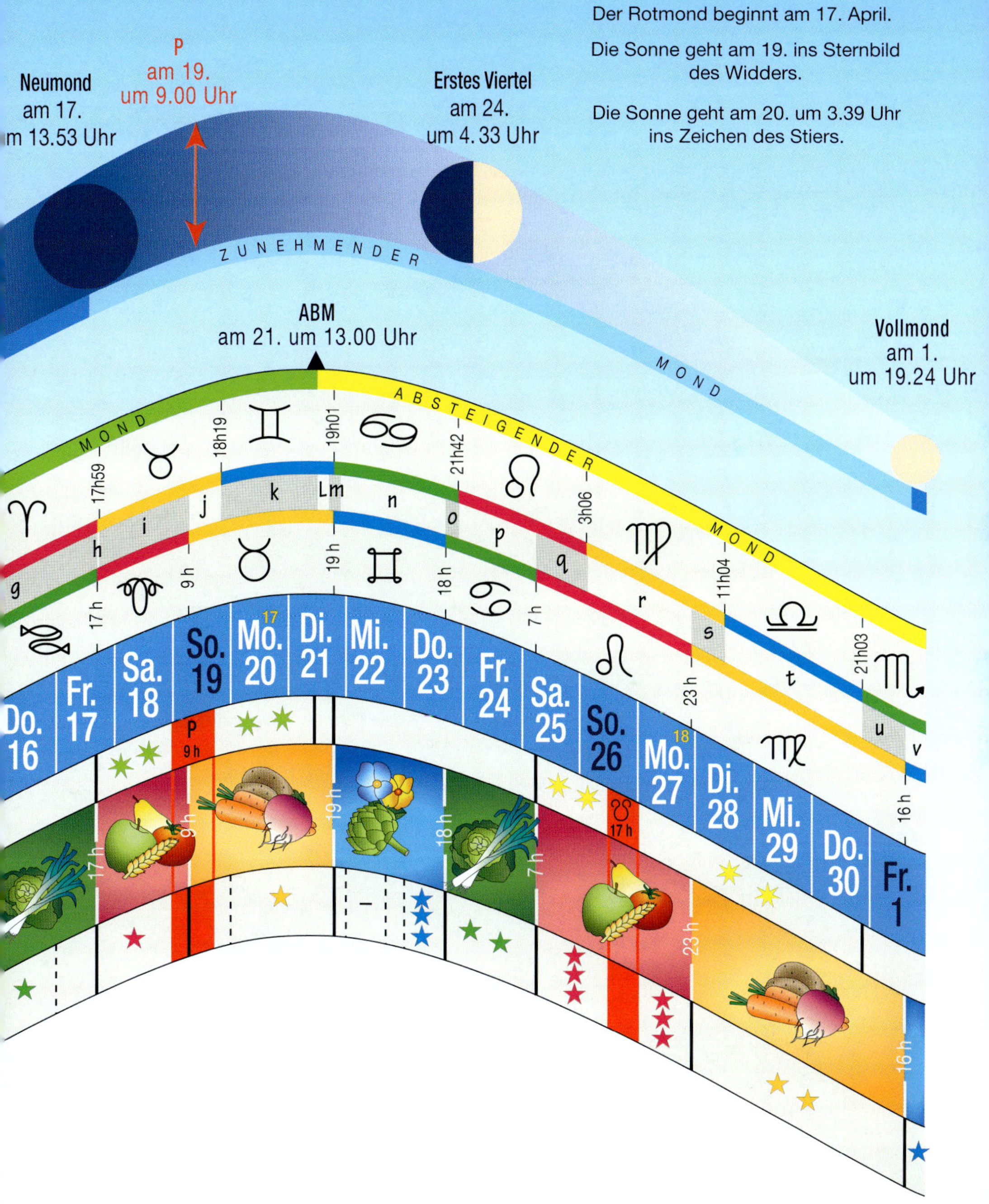

Um das **Auswachsen** leicht schießender Gemüsearten zu verhindern, sollten sie an den entsprechenden Tagen bei absteigendem und, wenn möglich, abnehmendem Mond gesät werden. Zwiebeln z. B. am 3., Salat am 6. April.

MAI

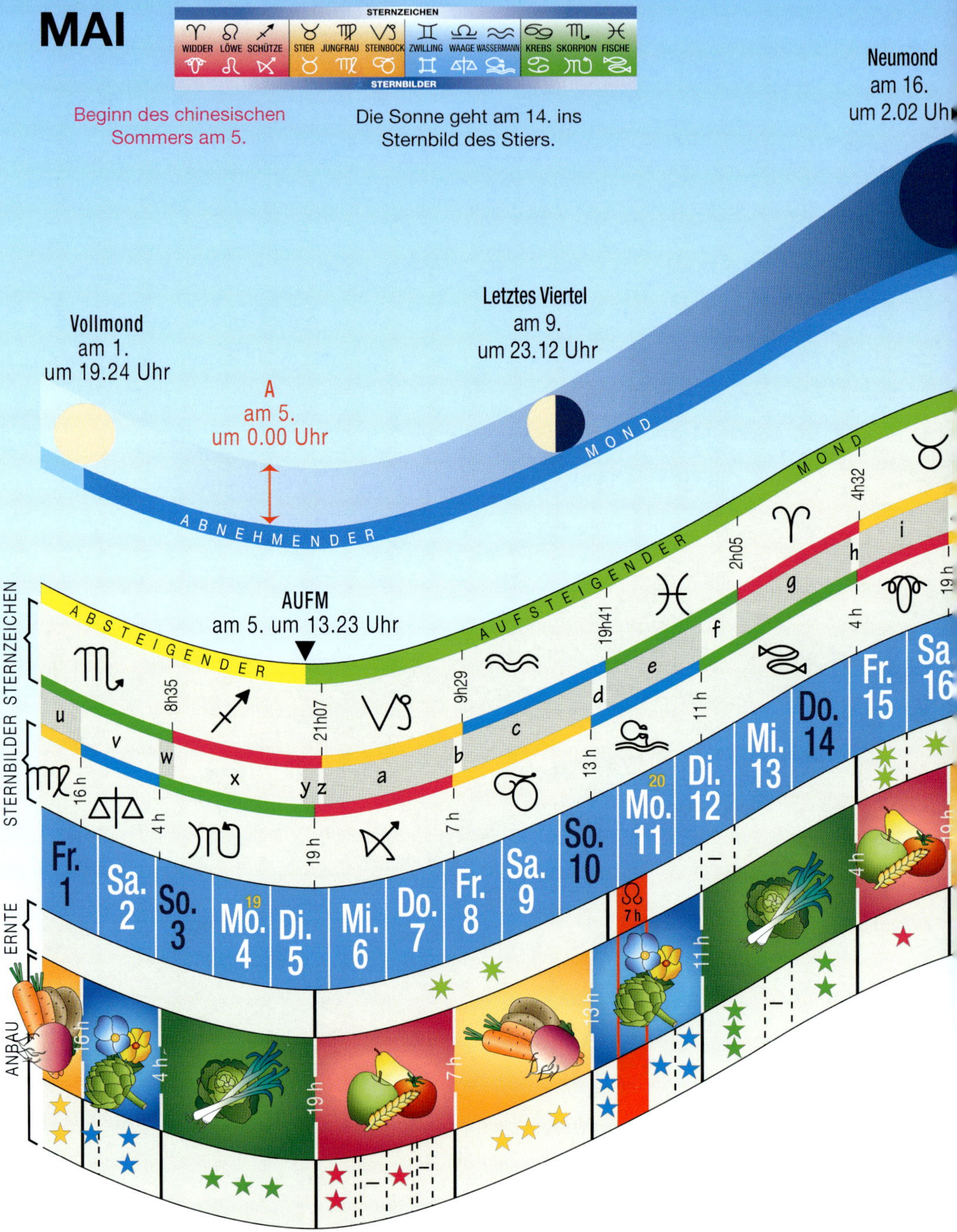

Zur Aussaat werden die entsprechenden Tage mit den meisten Sternen gewählt: Für Blumen zwischen dem 19. und 20.; Salat am 3., 4. oder 5. Mai. Rote und mit – gekennzeichnete Tage sollten vermieden werden.

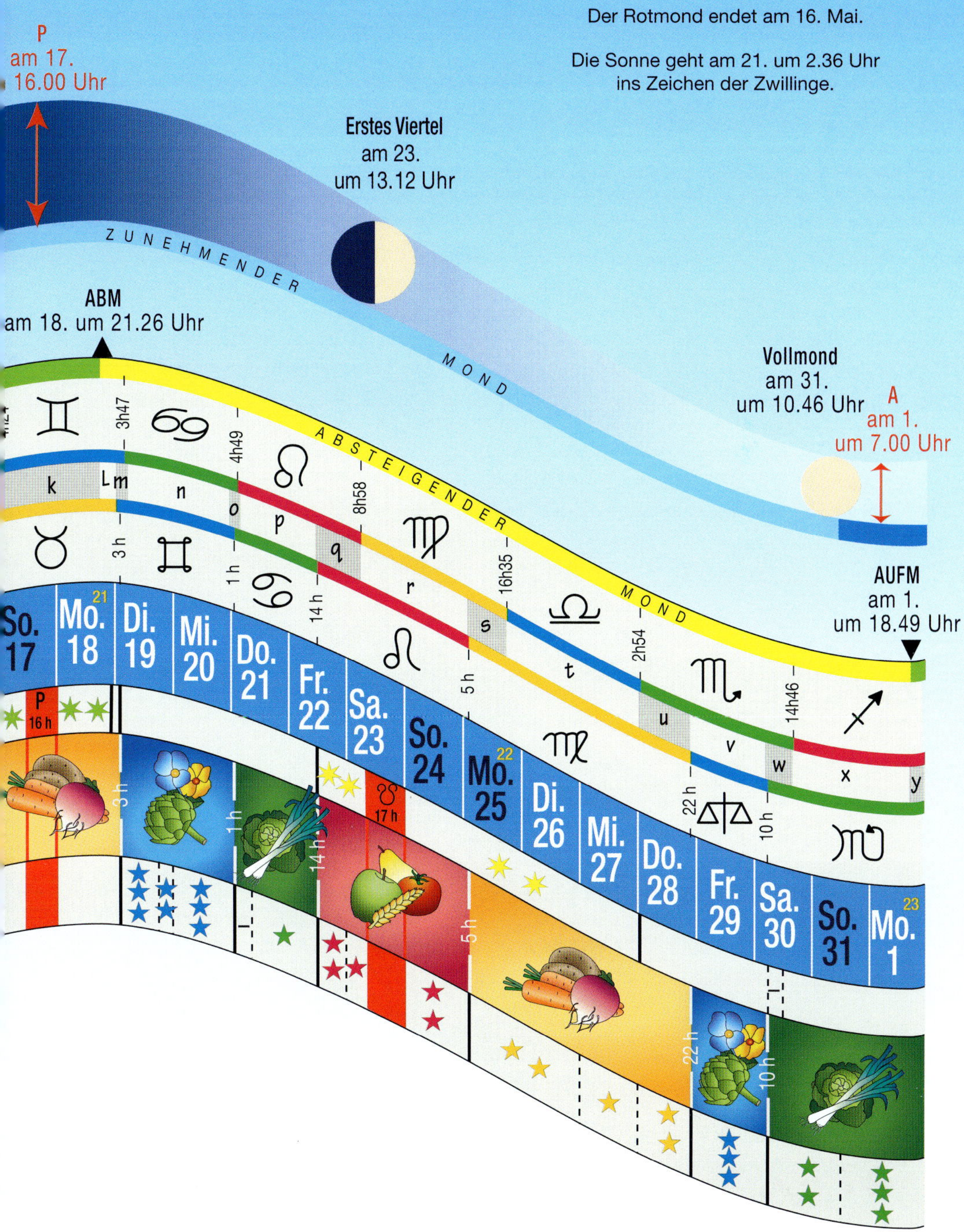

Bei feuchtem Wetter empfehlen wir, zur Vorbeugung von Pilzkrankheiten regelmäßig Schachtelhalmabsud (Kieselsäure) zu sprühen. Auch die Verwendung von Komposttee (Seite 27 und 30) erweist sich als sehr wirksam.

JUNI

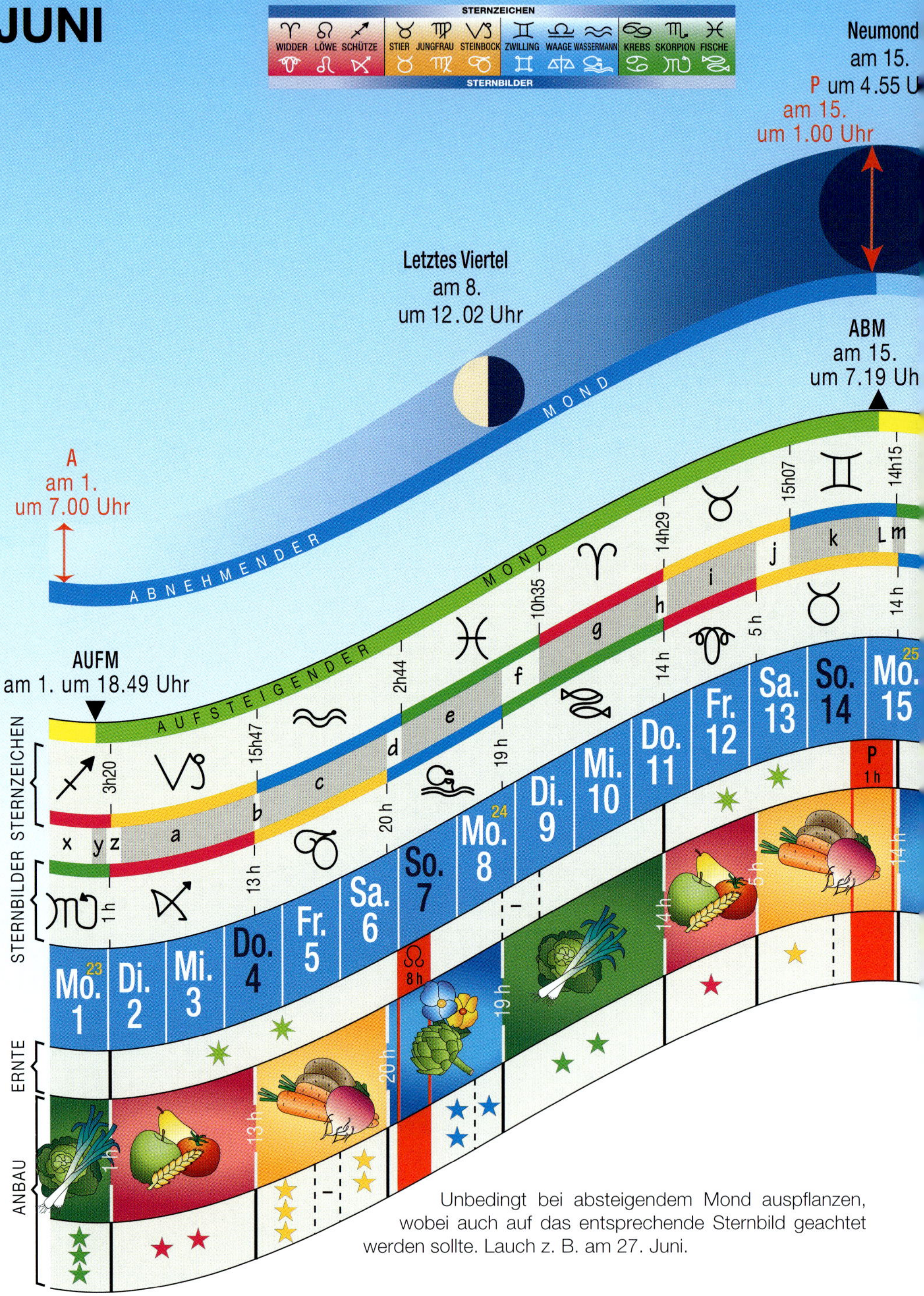

Unbedingt bei absteigendem Mond auspflanzen, wobei auch auf das entsprechende Sternbild geachtet werden sollte. Lauch z. B. am 27. Juni.

Die Sonne geht am 20. ins Sternbild der Zwillinge.

Die Sonne geht am 21. um 10.24 Uhr ins Zeichen des Krebses (Sommersonnenwende).

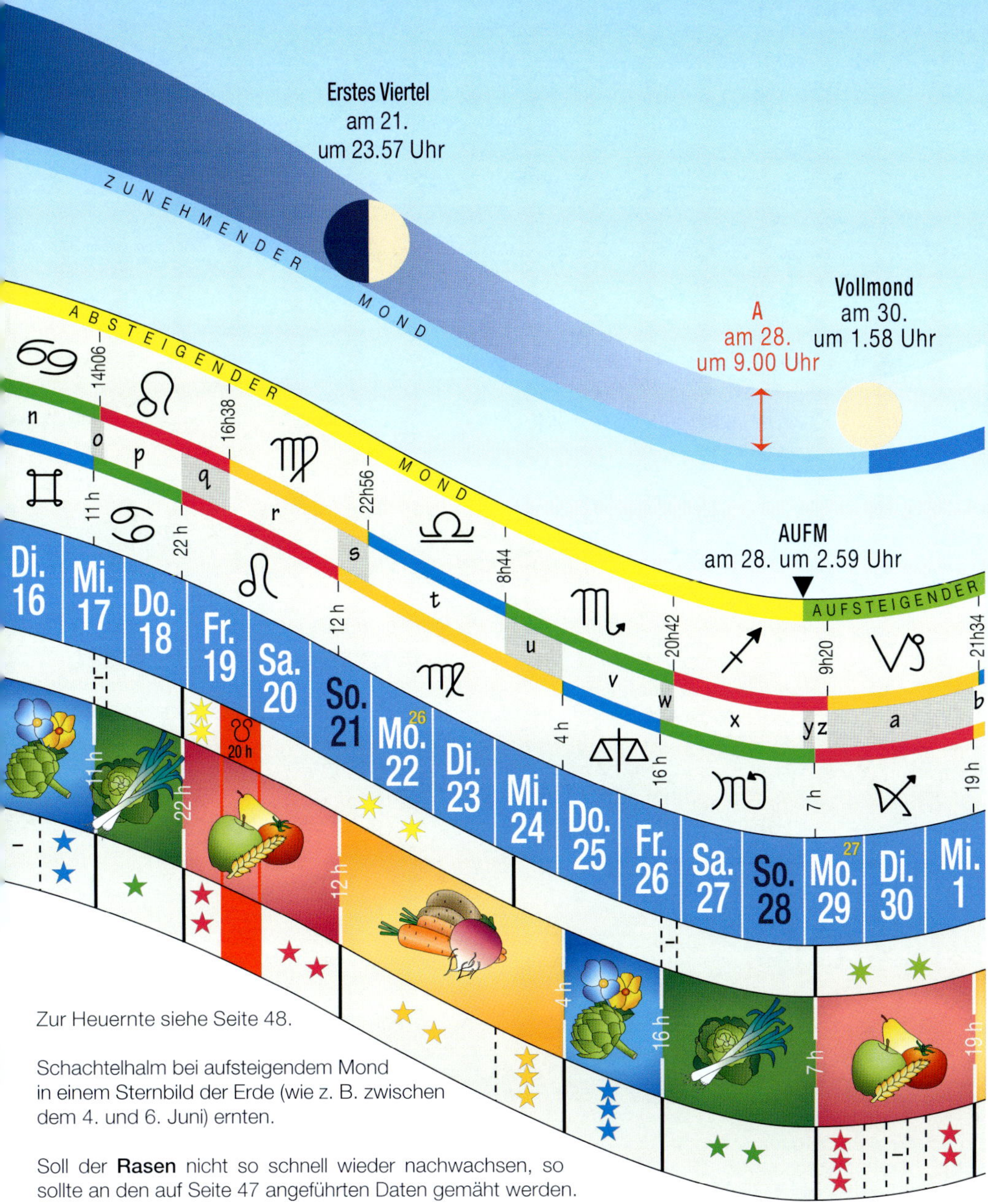

Zur Heuernte siehe Seite 48.

Schachtelhalm bei aufsteigendem Mond in einem Sternbild der Erde (wie z. B. zwischen dem 4. und 6. Juni) ernten.

Soll der **Rasen** nicht so schnell wieder nachwachsen, so sollte an den auf Seite 47 angeführten Daten gemäht werden.

JULI

In **Trockenperioden** sollte eher gelegentlich, aber ausgiebig als häufig und nur wenig gegossen werden, um oberflächliche Wurzelbildung zu verhindern. Wird der Boden einige Stunden nach dem Gießen gelockert, so verhindert das übermäßige Verdunstung.

Die Sonne geht am 19. ins Sternbild des Krebses.

Die Sonne geht am 22. um 21.12 Uhr ins Zeichen des Löwen.

Beginn der chinesischen Zwischensaison am 20.

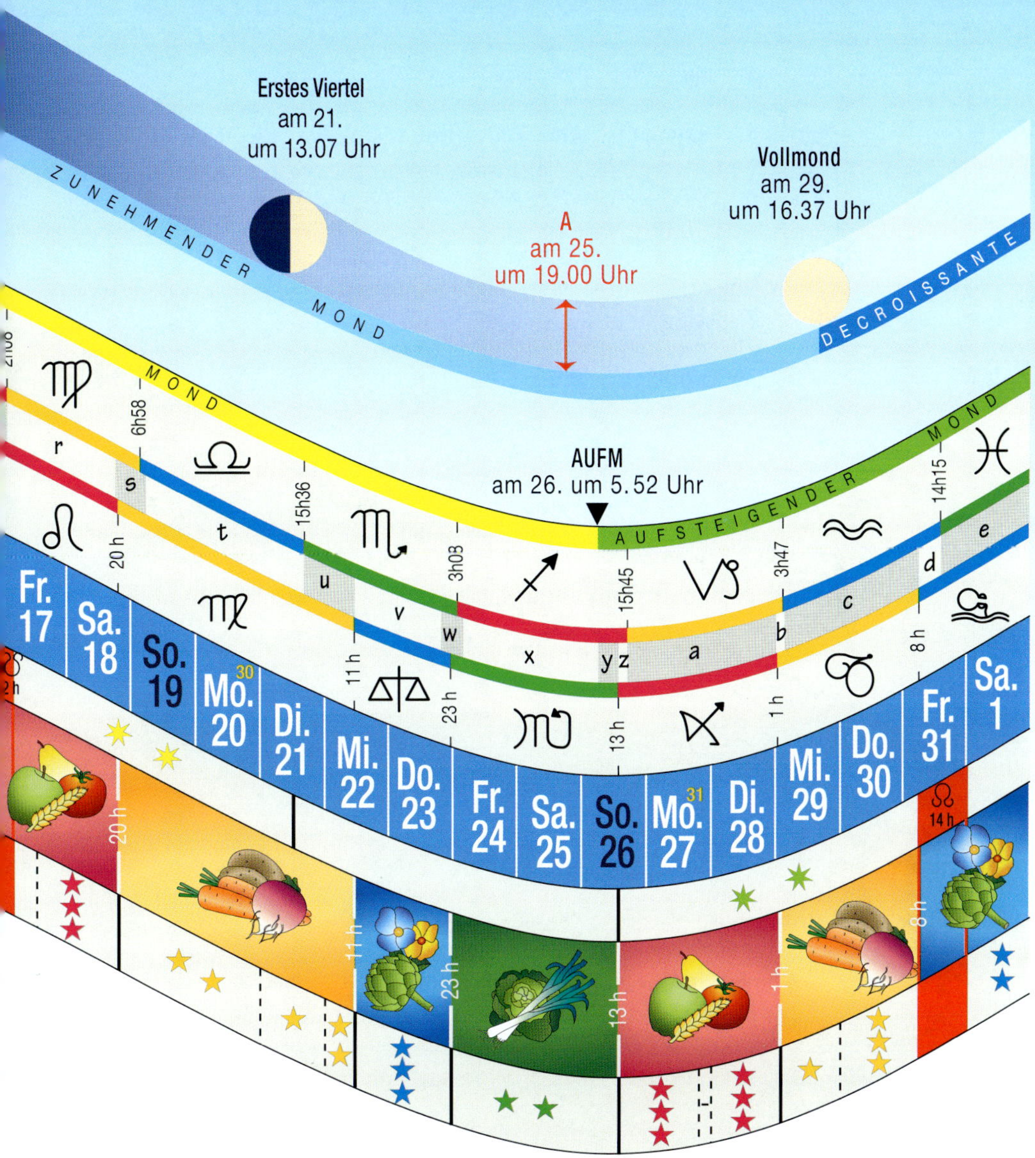

Anhaltende Feuchtigkeit erhöht die Gefahr für Pilzkrankheiten, gegen die z. B. mit Schachtelhalmabsud vorgegangen werden kann.

AUGUST

Beginn des chinesischen Herbstes am 7.

Die Sonne geht am 10. ins Sternbild des Löwen.

Zur **Mondfinsternis** vom 28. und zur **Sonnenfinsternis** vom 12. September siehe Seite 11.

Zur **Augenveredelung** siehe Seite 40.

Chrysanthemen werden beim Mond im Sternbild der Waage, z. B. am 19. August, geschnitten.

Stecklinge von **Geranien** werden am besten bei aufsteigendem Mond an einem „Blütentag“, z. B. am 1. ode 28. August, an den Knoten der härteren Stängel geschnitten. Die erste Wurzelbildung wird in Wasser ode Torfmull beschleunigt, bevor sie in Blumenerde gesetzt wird.

Die Sonne geht am 23. um 4.18 Uhr ins Zeichen der Jungfrau.

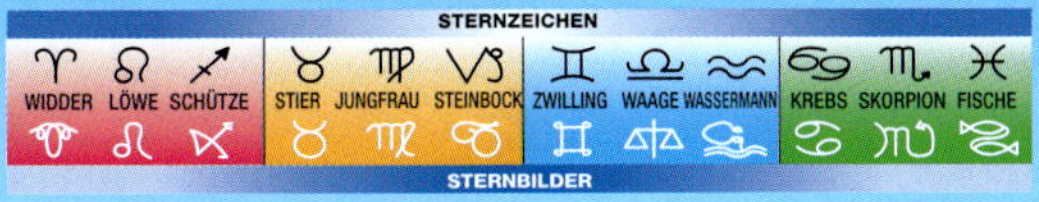

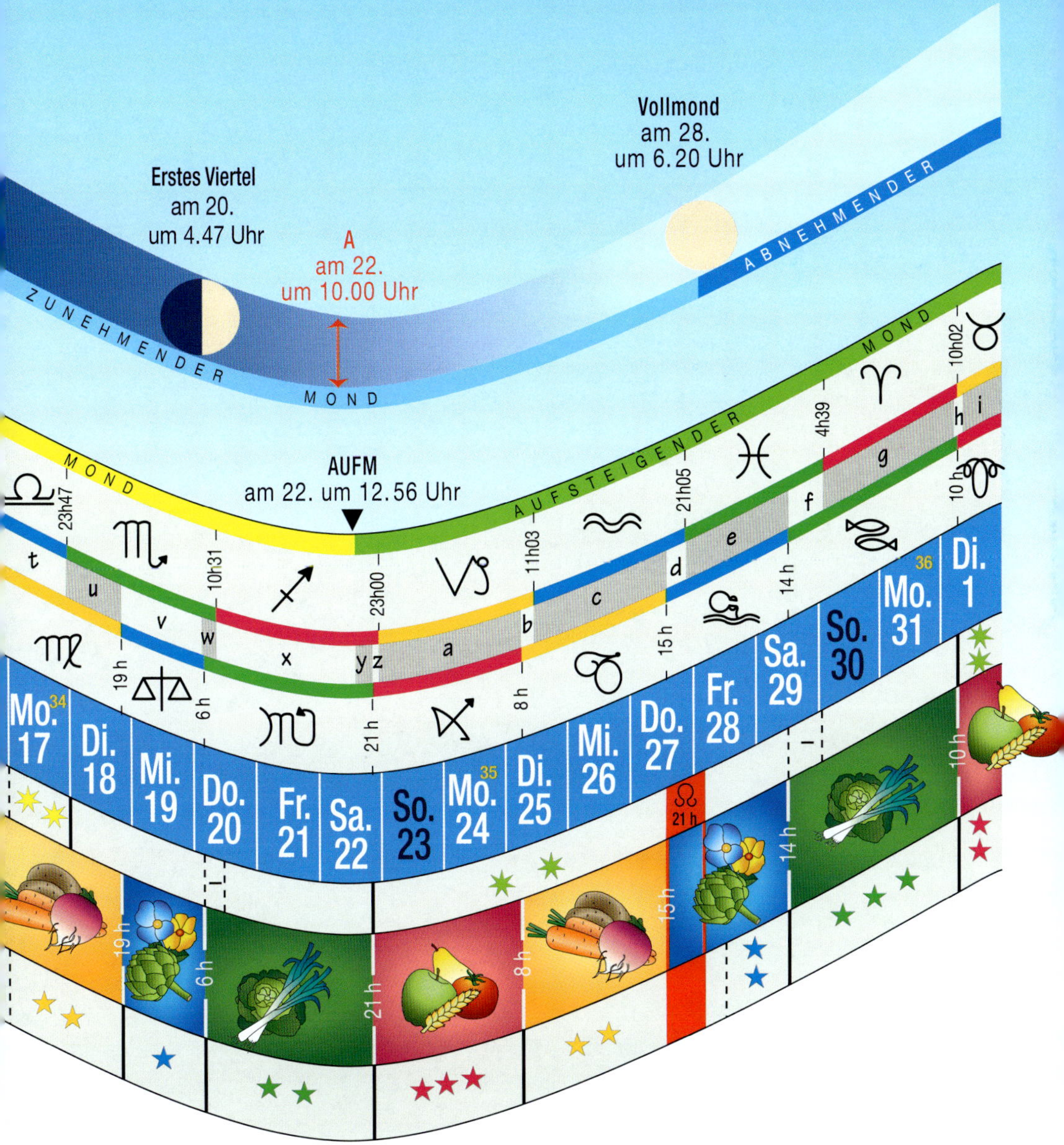

Erdbeeren am besten in der q-Phase am 12. nach 18 Uhr pflanzen.

SEPTEMBER

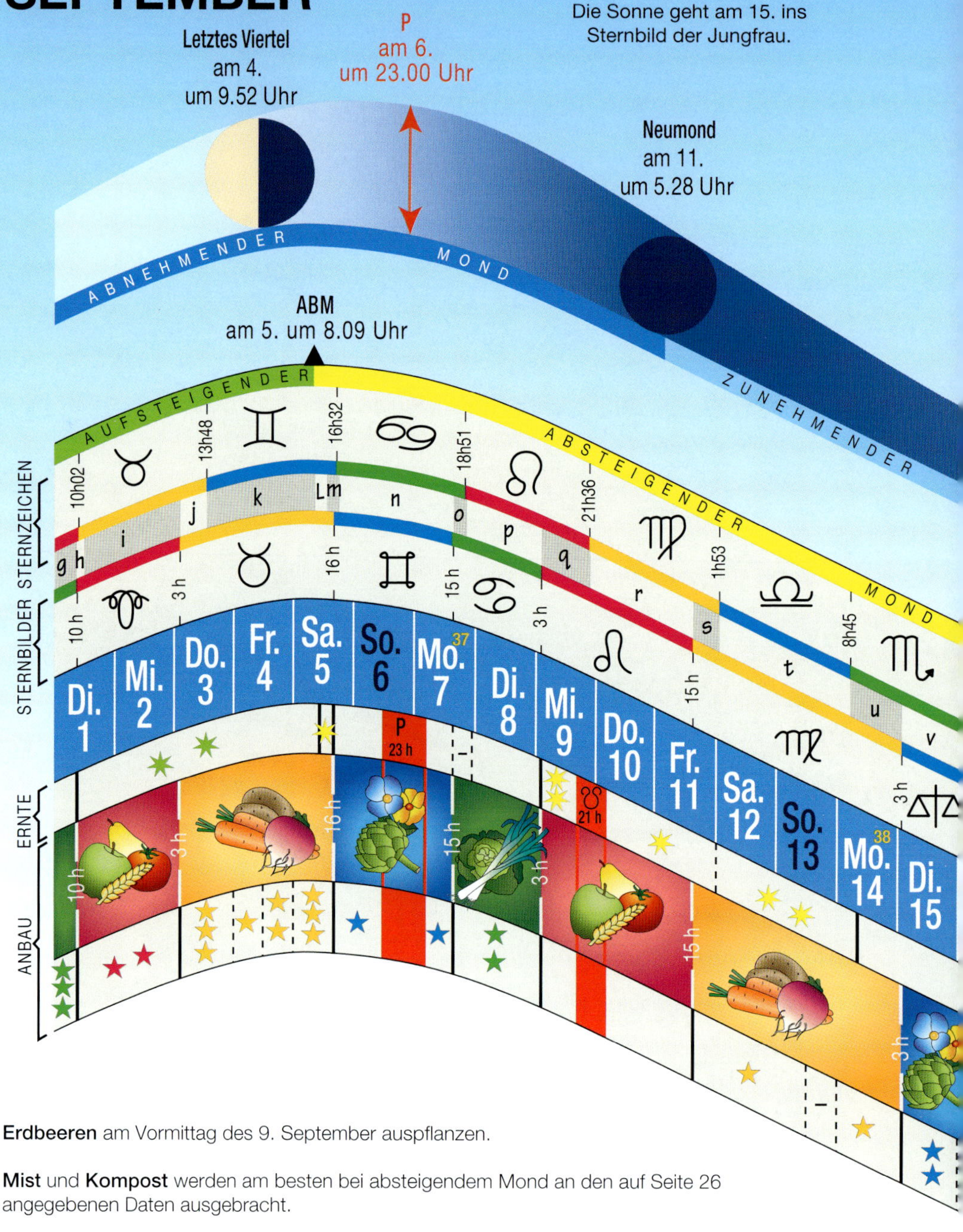

Erdbeeren am Vormittag des 9. September auspflanzen.

Mist und **Kompost** werden am besten bei absteigendem Mond an den auf Seite 26 angegebenen Daten ausgebracht.

Zur Getreideernte siehe Seite 49, für die Weinlese Seite 54.

Obst sollte am besten nach den auf Seite 37 angegebenen Hinweisen geerntet und gelagert werden.

Die Sonne geht am 23. um 2.05 Uhr ins Zeichen der Waage (Herbsttagundnachtgleiche).

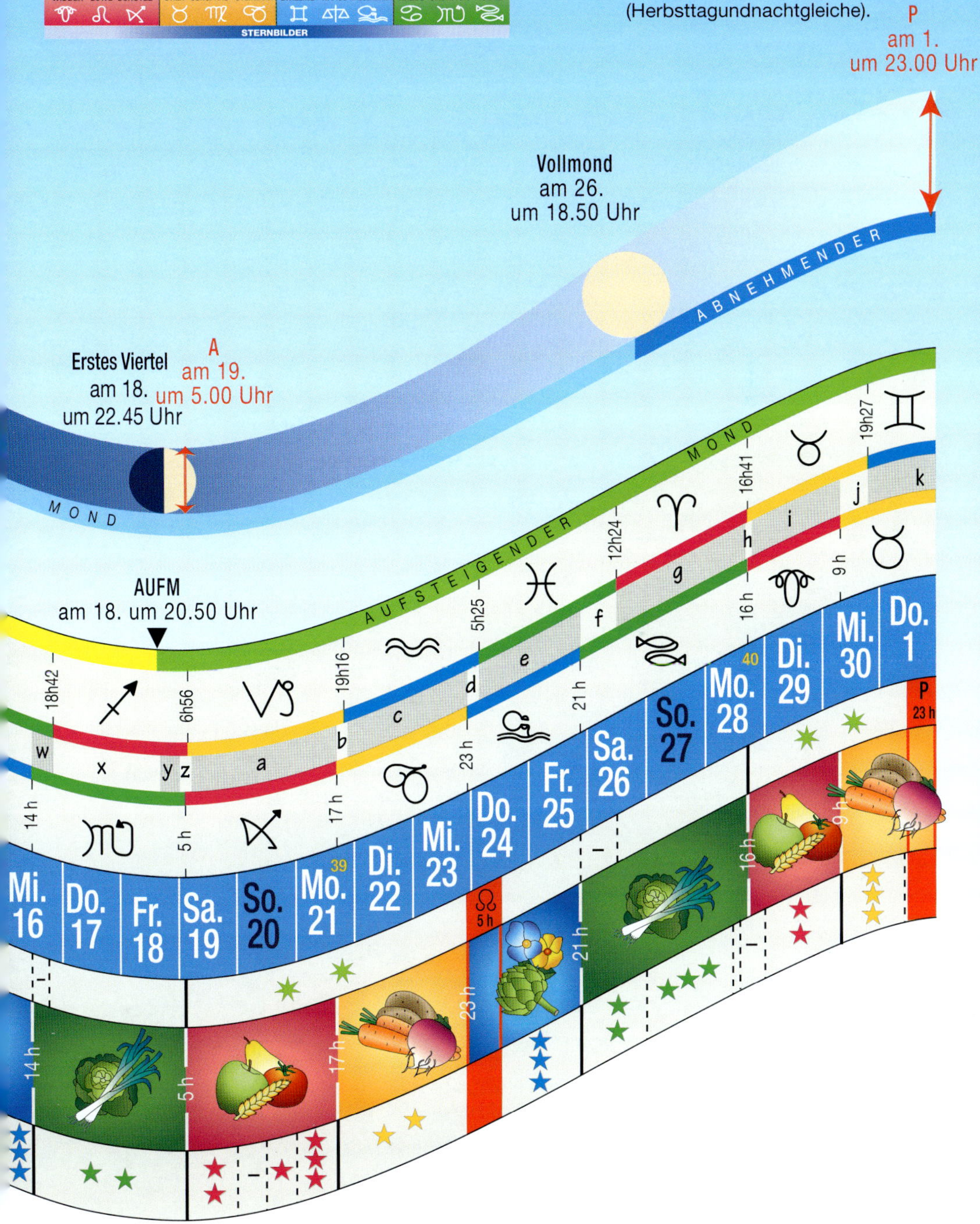

OKTOBER

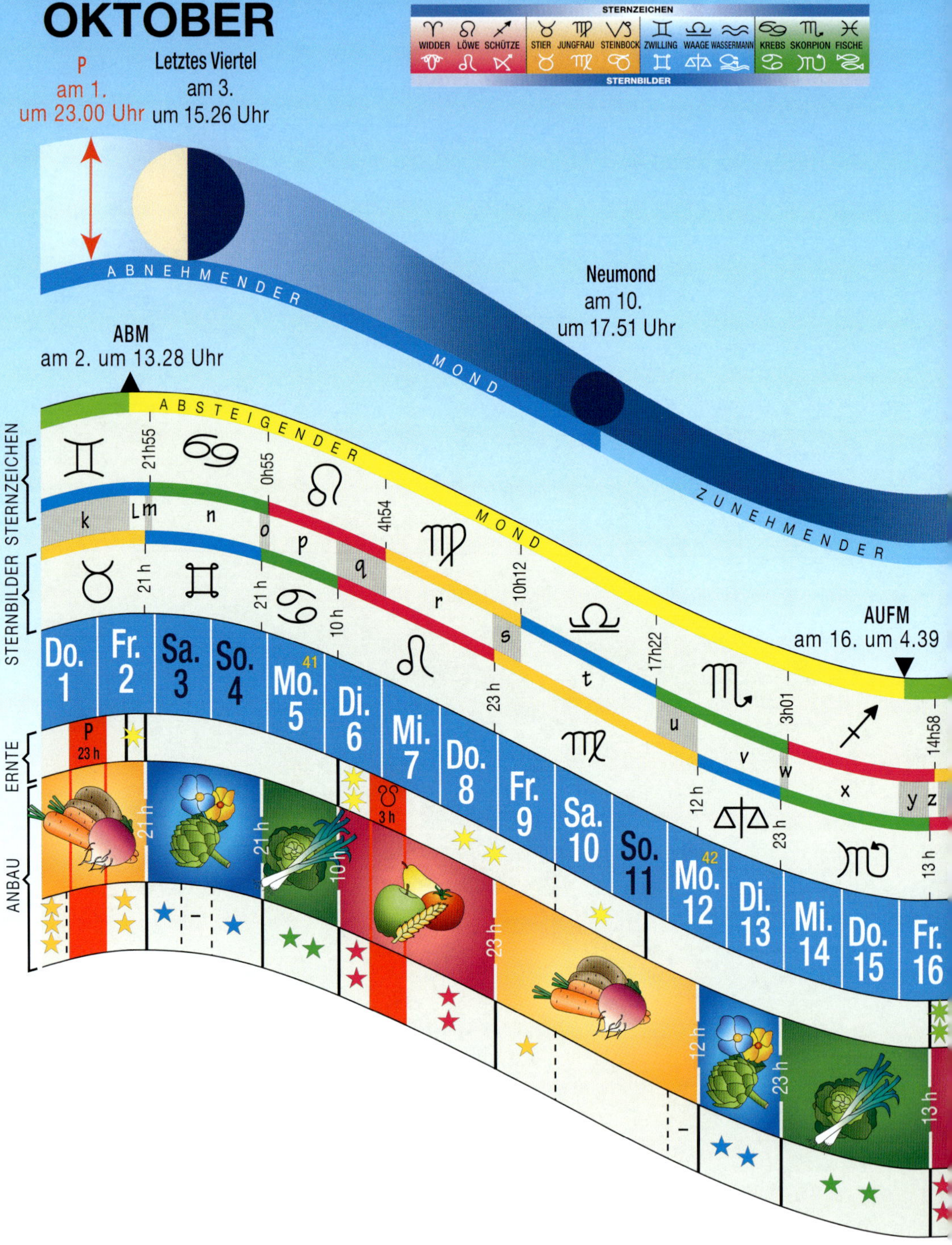

Der Vormittag des 3., der Nachmittag des 12., des 4., 13., 30. und 31. Oktober sind gute Tage zum Pflanzen von **Blumenzwiebeln** (Tulpen, Narzissen, Krokus usw.).

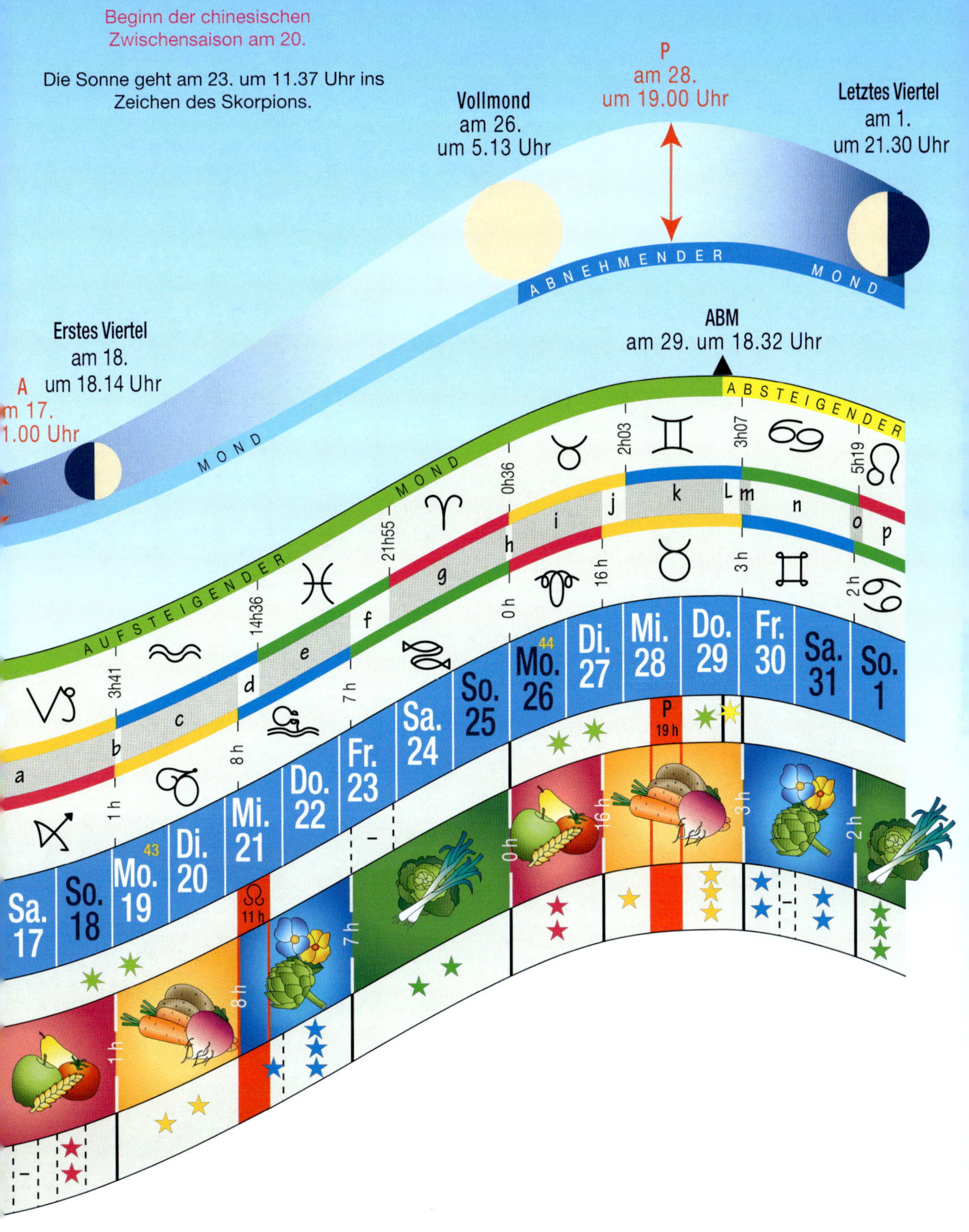

Beginn der chinesischen Zwischensaison am 20.
Die Sonne geht am 23. um 11.37 Uhr ins Zeichen des Skorpions.
Vollmond am 26. um 5.13 Uhr
P am 28. um 19.00 Uhr
Letztes Viertel am 1. um 21.30 Uhr
ABNEHMENDER MOND
Erstes Viertel am 18. um 18.14 Uhr
A
m 17.
1.00 Uhr
MOND
ABM am 29. um 18.32 Uhr
AUFSTEIGENDER MOND
ABSTEIGENDER
3h41
14h36
21h55
0h36
2h03
3h07
5h19
a
b
c
d
e
f
g
h
i
j
k
L
m
n
o
p
1 h
8 h
7 h
0 h
16 h
3 h
2 h
Sa. 17
So. 18
43
Mo. 19
Di. 20
Mi. 21
Do. 22
Fr. 23
Sa. 24
So. 25
44
Mo. 26
Di. 27
Mi. 28
Do. 29
Fr. 30
Sa. 31
So. 1
11 h
P
19 h

NOVEMBER

Die Sonne geht am 1. ins Sternbild der Waage.

Beginn des chinesischen Winters am 7.

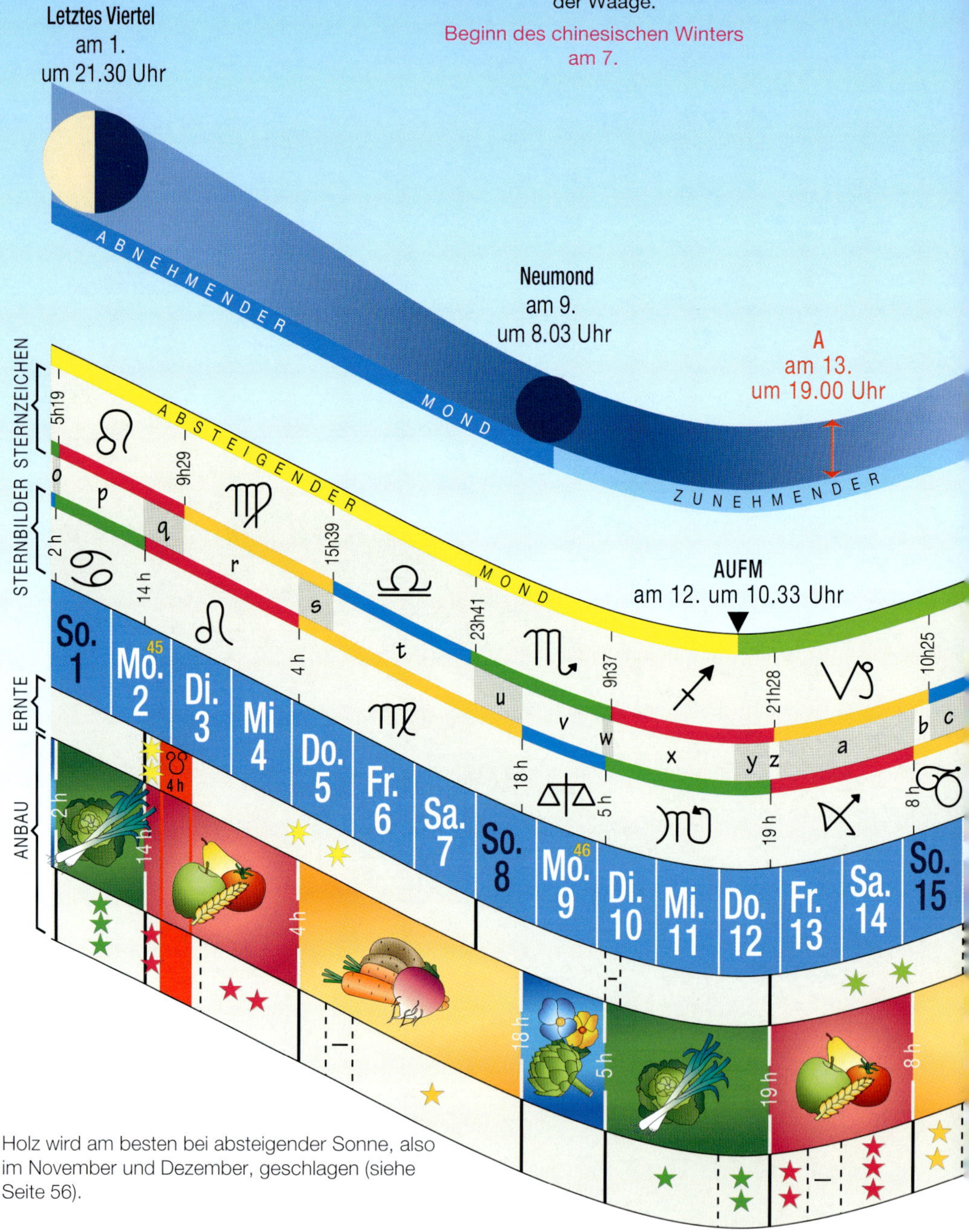

Holz wird am besten bei absteigender Sonne, also im November und Dezember, geschlagen (siehe Seite 56).

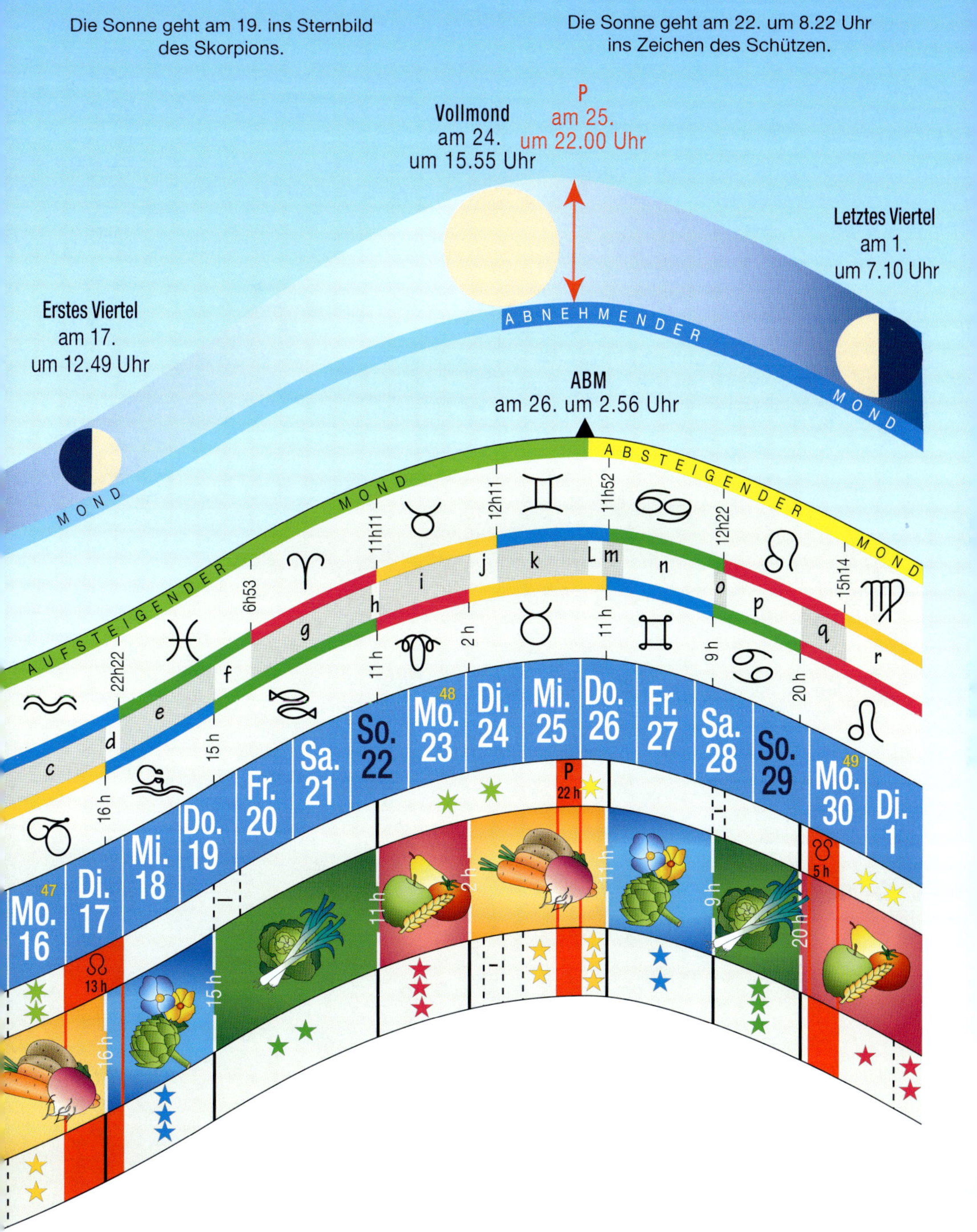

Wurzel- und Knollengemüse lagert sich am besten, wenn es an Tagen mit zwei gelben Erntesternen geerntet wird (z. B. zwischen dem Nachmittag des 3. und 7. November).

DEZEMBER

STERNZEICHEN
WIDDER LÖWE SCHÜTZE
STIER JUNGFRAU STEINBOCK
ZWILLING WAAGE WASSERMANN
KREBS SKORPION FISCHE
STERNBILDER

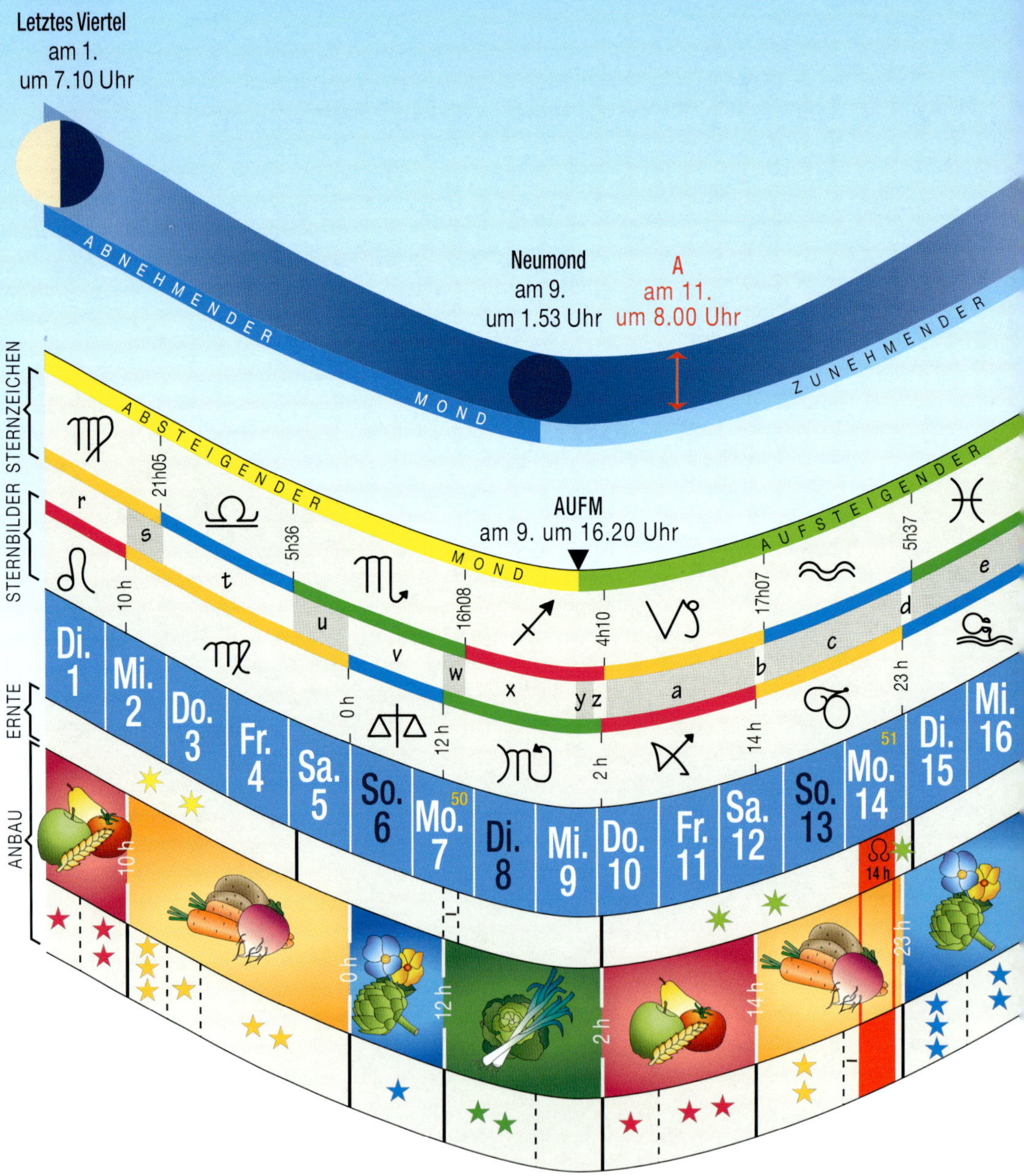
Letztes Viertel
am 1.
um 7.10 Uhr
Neumond
am 9.
um 1.53 Uhr
A
am 11.
um 8.00 Uhr
ABNEHMENDER
MOND
ZUNEHMENDER
STERNZEICHEN
STERNBILDER
ERNTE
ANBAU
ABSTEIGENDER
MOND
AUFSTEIGENDER
AUFM
am 9. um 16.20 Uhr
21h05
5h36
16h08
4h10
17h07
5h37
r s t u v w x y z a b c d e
10 h
0 h
12 h
2 h
14 h
23 h
Di. 1
Mi. 2
Do. 3
Fr. 4
Sa. 5
So. 6
Mo. 7
50
Di. 8
Mi. 9
Do. 10
Fr. 11
Sa. 12
So. 13
Mo. 14
51
Di. 15
Mi. 16
14 h

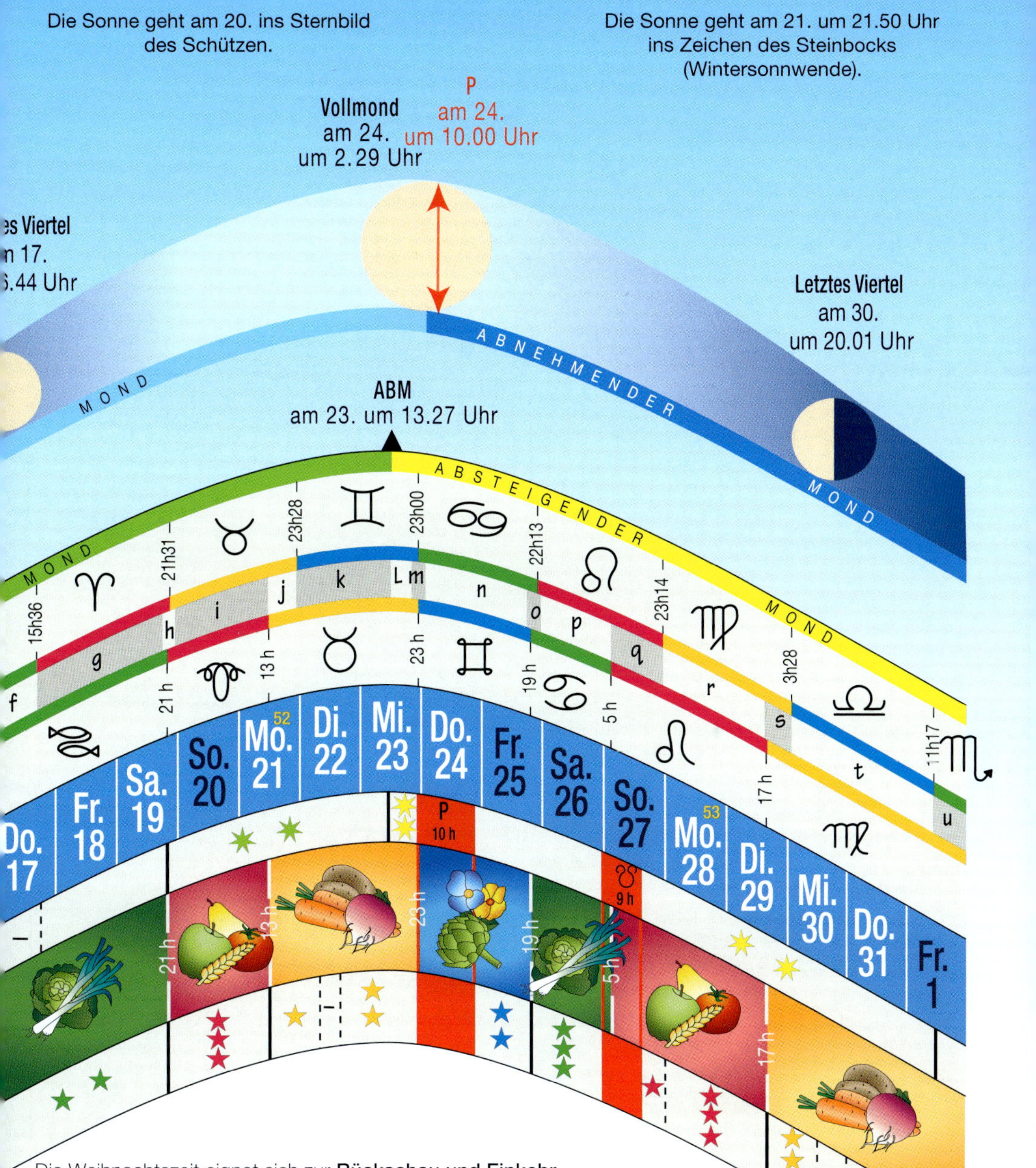

Die Weihnachtszeit eignet sich zur **Rückschau und Einkehr**.
Die 12 Tage zwischen Weihnachten und dem Dreikönigstag (Raunächte) werden oft als **Lostage** für das Wetter des nächsten Jahres verstanden.
Demnach sollten wir uns mehrmals täglich möglichst genaue Aufzeichnungen über das Wetter, aber auch Details unseres Tagesablaufs machen. Im Prinzip müsste dann das Januarwetter dem des 25., das Februarwetter dem des 26. entsprechen usw. Der Volksmund sagt, das Gleiche gelte auch für den Hausfrieden, ja für unser Leben überhaupt.
Für **Nutzholz** siehe Seite 56. **Brennholz** wird am besten bei absteigendem Mond vor dem 8. oder nach dem 24. Dezember geschlagen.

Ätherische Öle im Garten

Ätherische Öle sind ein Konzentrat aus den aktiven flüchtigen Inhaltsstoffen von Pflanzen. Sie sind sehr wirkungsvoll und können zur Stimulierung, zur Vorbeugung von Krankheiten, aber auch zur Vernichtung von Viren eingesetzt werden. Da sie natürlich und biologisch abbaubar sind, eignen sie sich hervorragend für den Garten, aber man sollte es nicht übertreiben, da sie sehr konzentriert sind. Es ist besser, ihre Verwendung auf maximal 3 Sprühstöße pro Pflanze zu beschränken und nur alle 2 bis 3 Wochen zu sprühen.

Unsere Auswahl der wirksamsten und preislich erschwinglichen ätherischen Öle:

- **stimulierende** Wirkung: Basilikum, Pfefferminze, Oregano, Bergbohnenkraut, wilder Thymian.
- **abwehrende** Wirkung: Knoblauch, Nelke, Wacholder, Schwarzer Pfeffer.
- **antivirale** Wirkung: Edellorbeer, Pfefferminze, Ravintsara, Teebaum.
- **insektizide** Wirkung: Kampfer, Zitronengras, Nelke, echter Lavendel, Teebaum.
- **pilzbekämpfende** Wirkung: Chinazimt, Oregano, Teebaum, Thymian.

2 bis maximal 3 ätherische Öle können für eine Behandlung kombiniert werden, und zwar sowohl innerhalb einer Kategorie, um die gewünschte Wirkung zu verstärken, als auch zwischen verschiedenen Kategorien, um den Wirkungsbereich einer Behandlung zu erweitern. **Beispiel:** Für eine bessere abwehrende Wirkung können Schwarzer Pfeffer und Nelken kombiniert werden.

Empfehlungen: Basilikum stimuliert das Wachstum von Tomaten.

Kohl und Bohnen sollten nicht mit Knoblauch besprühen werden.

Nelkenöl sollte nicht mit echtem Lavendel oder Teebaum gemischt werden.

Für eine optimale Verwendung der ätherischen Öle im Garten empfehlen wir **1 Liter Wasser mit 1 ml ätherischem Öl, 1 ml Rapsöl und 1 ml Tensid (Schmierseife oder biologisches Geschirrspülmittel) zu mischen**. Sollen mehrere ätherische Öle kombiniert werden, sollte auch die Kombination nicht mehr als 1 ml ätherischer Öle pro Liter enthalten. Rapsöl und Seife homogenisieren die ätherischen Öle mit dem Wasser. Zuerst das Pflanzenöl, dann die ätherischen Öle, dann das Tensid gut in einem Glas verrühren und erst dann mit dem Wasser in der Sprühflasche mischen. Bei Pilz- und Viruserkrankungen sowie als Repellent genügt die Dosierung von 1 ml nicht immer. Hier kann die Dosis der ätherischen Öle auf 3 ml erhöht werden (+ 3 ml Rapsöl + 3 ml Tensid). Diese Verdünnung ist stark genug, um Viren und Pilze zu zerstören, ohne die Pflanzen zu verbrennen.

Für eine bessere Wirksamkeit ist es wichtig, leicht saures Wasser (am besten Regen- oder Quellwasser) zu verwenden (siehe „Wasser" auf S. 35). Die Mischung sollte nicht in praller Sonne, sondern gegen Abend versprüht werden, um die Blätter nicht zu verbrennen. **Achtung:** Einige ätherische Öle wie Bergbohnenkraut, chinesischer Zimt, Gewürznelke oder Oregano können die Haut verbrennen. Es ist daher ratsam, Handschuhe zu verwenden, um Hautkontakt zu vermeiden.

Zeichenerklärungen

KURVENBREITE:
Der Mondumfang entspricht seiner Entfernung
A = APOGÄUM = erdfernster und „kleinster“ Mond
P = PERIGÄUM = erdnächster und „größter“ Mond

FEUER ERDE LUFT WASSER

STERNZEICHEN DES TIERKREISES

ÜBERSCHNEIDUNGEN VON STERNZEICHEN UND -BILDERN

STERNBILDER DES TIERKREISES

PERIGÄUM am 8. um 20.00 Uhr

MONDKNOTEN am 5. um 19.00 Uhr

ROTE ZONEN = STÖREINFLÜSSE: ALLE ARBEITEN MEIDEN (Mondknoten oder Perigäum)

— MARKIERTE ZONEN sollten vermieden werden

PERIGÄUM am 8. um 20.00 Uhr

MONDPHASEN

ZUNEHMENDER MOND

ABNEHMENDER MOND

AUFSTEIGENDER MOND

ABSTEIGENDER MOND

WECHSEL ZWISCHEN ZWEI STERNZEICHEN

NUMMER VON WOCHE

WEISSE BALKEN = MITTERNACHT

WECHSEL ZWISCHEN ZWEI STERNBILDERN (annähernd)

DEN STERNBILDERN ENTSPRECHENDE PFLANZENTEILE z. B. Gemüse säen oder bearbeiten

Früchte Wurzeln Blüten Blätter

JE MEHR STERNE, DESTO BESSER EIGNET SICH DER ZEITPUNKT ZUR SAAT BZW. BEARBEITUNG DER ENTSPRECHENDEN GEMÜSEART

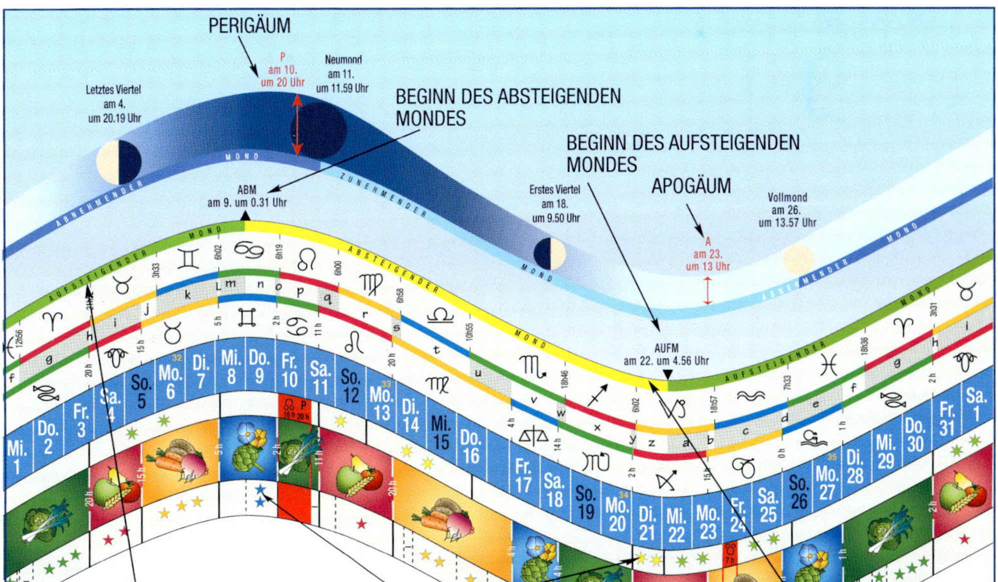

Bei aufsteigendem Mond
Ernte der oberirdischen Pflanzenteile

Je mehr Sterne, desto besser lässt sich die entsprechende Gemüseart nach der Ernte lagern.

Bei absteigendem Mond
Ernte der Wurzeln, Erdarbeiten, Pflanzung, Düngung

Saatkalender nach Sternbildern (Feuer, Erde, Luft, Wasser)

Aussaat Glashaus (G) | Aussaat im Freien (F)

FRÜCHTE – FEUER

	J	F	M	A	M	J	J	A	S	O	N	D
Auberginen		G										
Bohnen				G	F	F	F	F				
Erbsen	G	G/F	F	F	F							
Getreide												
Gurken			G	G	F	F						
Kürbisse				G	F							
Mais				F	F	F						
Melonen/Wassermelone				G	F							
Paprika/Peperoni		G	G									
Saubohnen	G	G	F	F								
Tomaten		G	G	G								
Zucchini			G	G	F	F	F					

WURZELN – ERDE

	J	F	M	A	M	J	J	A	S	O	N	D
Chicorée					F	F						
Karotten	G	G	F	F	F	F						
Kartoffeln		G	G	F	F	F						
Knoblauch		F	F								F	F
Knollensellerie		G	G									
Pastinaken			F	F	F							
Rettich	G	G	G	F	F	F	F	F	F	G	G	G
Rote Rüben			G	F	F	F						
Schalotten		F	F									
Schwarzwurzel			F	F	F							
Steckrüben		G	F	F		F	F	F				
Topinambur			F	F								
Zwiebeln		G	F	F	F			F				

LUFT – BLÜTEN

	J	F	M	A	M	J	J	A	S	O	N	D
Alle Blumen												
Artischocken			F	F								
Brokkoli/Blumenkohl			G	G	F	F	F					

BLÄTTER – WASSER

	J	F	M	A	M	J	J	A	S	O	N	D
Basilikum			G	G								
Chinakohl					F	F	F					
Endiviensalat					F	F	F	F				
Feldsalat							F	F	F	G		
Fenchel/Portulak				F	F	F	F					
Kerbel		G	F	F	F	F	F	F	F	F		
Kohl		G	G	F	F	F		F	F			
Kohlrabi/Sauerampfer		G	G	F	F	F	F					
Kresse			G	F	F	F	F	F	F			
Lauch	G	G	F	F	F							
Löwenzahn			F	F	F	F	F					
Mangold			G	F	F	F		G				
Melden			G	G	F	F						
Neuseeländer Spinat			G	G/F	F							
Petersilie		F	F	F	F	F	F	F				
Rosenkohl		F	F	F	F	F	F	F				
Salat/Rucola		G	G	G/F	F	F	F	F				
Spinat			F	F				F	F	F		
Stangensellerie			G	G	F							

HERAUSTRENNEN ZUR VERWENDUNG ALS LESEZEICHEN

Notizseiten

Zeiten für den Breitengrad von München (siehe S. 19)
Aufgang des Mondes
Untergang des Mondes

Aufsteigender Mond ▲
Absteigender Mond ▼

Zunehmender Mond / Abnehmender Mond
Mondphasen: ● Neumond / ◐ erstes Viertel / O Vollmond / ◑ letztes Viertel

Einfluss der Gezeiten (siehe S. 18 f.)
Beginn der steigenden Flut
Einfluss der steigenden Flut
Beginn der sinkenden Flut
Einfluss der sinkenden Flut

Zusammenfassung der Einflüsse von Mond und Planeten (siehe S. 70 f.)

Kalenderwoche

JANUAR

ABNEHMENDER

Tag		Zeiten	Markierungen
Mo. 5	9h43 / 19h12	3h00, 10h45, 15h30, 20h15	23h
Di. 6	10h06 / 20h33	3h45, 11h00, 16h15, 21h30	
Mi. 7	10h24 / 21h49	4h30, 11h30, 17h00, 22h45	♉ 12h
Do. 8	10h39 / 23h01	5h15, 11h45, 17h45	14h
Fr. 9	10h53	0h00, 6h00, 12h00, 18h30	
Sa. 10	0h10 / 11h07	1h15, 6h45, 12h00, 19h00	16h50 ◑ —
So. 11	1h19 / 11h23	2h15, 7h30, 12h30, 19h45	7h
Mo. 12	2h29 / 11h41	3h30, 8h15, 12h45, 20h30	
Di. 13	3h38 / 12h04	4h45, 9h00, 13h00, 21h15	20h
Mi. 14	4h47 / 12h33	5h45, 9h45, 13h30, 22h00	
Do. 15	5h51 / 13h12	6h45, 10h30, 14h15, 23h00	6h16 —
Fr. 16	6h48 / 14h02	7h45, 11h30, 15h00, 23h45	11h
Sa. 17	7h35 / 15h04	8h30, 12h15, 16h00	
So. 18	8h12 / 16h14	0h45, 9h15, 13h15, 17h15	21h, 20h53 ●

ABNEHMENDER

2

3

JANUAR

Tag	Auf-/Untergang	Zeiten	Hinweise
Mo. 19	8h40 17h28	1h30 9h45 14h00 18h30	★
Di. 20	9h02 18h43	2h30 10h00 14h45 19h45	2h
Mi. 21	9h21 19h58	3h15 10h15 15h30 21h00	★ ☊ 1h
Do. 22	9h37 21h13	4h00 10h30 16h15 22h15	★ ★ 0h
Fr. 23	9h52 22h28	4h45 10h45 17h00 23h30	
Sa. 24	10h07 23h46	5h30 11h00 17h45	★ ★
So. 25	10h25	0h45 6h15 11h30 18h30	19h; ◐ 5h49
Mo. 26	1h07 10h46	2h00 7h00 11h45 19h30	★ ★
Di. 27	2h30 11h14	3h30 8h00 12h15 20h30	★ ★★ 12h ★★
Mi. 28	3h54 11h52	5h00 9h00 12h45 21h30	★ ★ ★
Do. 29	5h12 12h46	6h15 10h00 13h45 22h30	★ ★ P 23h 23h
Fr. 30	6h17 13h55	7h15 11h00 15h00 23h30	★ ★
Sa. 31	7h06 15h16	8h00 12h00 16h15	★ 22h
So. 1	7h41 16h41	0h30 8h45 13h00 17h45	★ ★; ○ 23h10

ZUNEHMENDER

ZUNEHMENDER

17h55

4

5

FEBRUAR

Tag		Zeiten	
Mo. 2	8h06 18h04	1h30 9h00 14h00 19h00	9h
Di. 3	8h26 19h23	2h30 9h30 14h45 20h30	♉ 20h
Mi. 4	8h43 20h39	3h15 9h45 15h30 21h45	23h
Do. 5	8h58 21h51	4h00 10h00 16h15 22h45	
Fr. 6	9h12 23h02	4h45 10h15 17h00	
Sa. 7	9h27	0h00 5h15 10h30 17h45	
So. 8	0h13 9h44	1h15 6h00 10h45 18h30	15h
Mo. 9	1h23 10h05	2h30 6h45 11h00 19h15	4h
Di. 10	2h33 10h32	3h30 7h30 11h30 20h00	
Mi. 11	3h39 11h07	4h45 8h30 12h00 20h45	
Do. 12	4h39 11h52	5h45 9h15 12h45 21h45	18h
Fr. 13	5h30 12h49	6h30 10h15 13h45 22h30	
Sa. 14	6h11 13h56	7h15 11h00 15h00 23h30	☊ ☿ 20h
So. 15	6h42 15h10	7h45 11h45 16h15	5h

ABNEHMENDER

13h44

13h49

ABNEHMENDER

6

7

FEBRUAR

8

Tag	Mondauf-/untergang	Zeiten	
Mo. 16	7h07 16h26	0h15 8h00 12h45 17h30	★ ★
Di. 17	7h26 17h42	1h00 8h30 13h30 18h45	● 13h02 · 9h
Mi. 18	7h43 18h59	1h45 8h45 14h15 20h00	☊ 7h
Do. 19	7h59 20h16	2h30 9h00 15h00 21h15	6h
Fr. 20	8h14 21h34	3h30 9h15 15h45 22h30	★
Sa. 21	8h31 22h55	4h15 9h30 16h30	★ ★ · 0h
So. 22	8h51	0h00 5h00 9h45 17h30	★ ★ ★

9

Tag	Mondauf-/untergang	Zeiten	
Mo. 23	0h18 9h17	1h15 6h00 10h15 18h15	★ · 17h
Di. 24	1h42 9h51	2h45 6h45 10h45 19h15	◐ 13h29 · ★ · P 0h
Mi. 25	3h01 10h38	4h00 7h45 11h45 20h15	★ · 6h
Do. 26	4h09 11h40	5h15 9h00 12h45 21h30	0h16
Fr. 27	5h02 12h55	6h00 10h00 14h00 22h30	★ ★ ★
Sa. 28	5h40 14h17	6h45 11h00 15h15 23h15	6h · ★
So. 1	6h08 15h40	7h15 11h45 16h45	★ · 18h · ★★★

ZUNEHMENDER

ZUNEHMENDER

MÄRZ

Tag	Zeiten (links)		Zeiten (Spalte)	Markierungen
Mo. 2	6h30	16h59	0h15, 7h30, 12h45, 18h00	ZUNEHMENDER
Di. 3	6h47	18h16	1h00, 7h45, 13h30, 19h15	12h39 ○; 6h
Mi. 4	7h03	19h30	1h45, 8h00, 14h15, 20h30	9h
Do. 5	7h17	20h42	2h30, 8h15, 15h00, 21h45	ABNEHMENDER
Fr. 6	7h32	21h53	3h15, 8h30, 15h30, 23h00	
Sa. 7	7h48	23h05	4h00, 8h45, 16h15, 0h00	0h
So. 8	8h08		4h45, 9h15, 17h00, 1h15	
Mo. 9	0h16	8h32	5h30, 9h30, 17h45, 2h30	12h
Di. 10	1h24	9h03	6h15, 10h00, 18h45, 3h30	
Mi. 11	2h28	9h44	7h00, 10h45, 19h30, 4h15	10h40 ◑; 22h04
Do. 12	3h22	10h36	8h00, 11h30, 20h30, 5h00	3h; ABNEHMENDER
Fr. 13	4h07	11h38	8h45, 12h45, 21h15, 5h45	
Sa. 14	4h41	12h48	9h45, 13h45, 22h00, 6h15	14h
So. 15	5h08	14h03	10h30, 15h00, 23h00	

10

11

MÄRZ

12

Tag		Zeiten		
Mo. 16	5h30 15h19	6h30 11h15 16h15 23h45	★ ★ 18h	ABNEHMENDER
Di. 17	5h48 16h36	6h45 12h00 17h30	☊ 16h	
Mi. 18	6h04 17h54	0h30 7h00 12h45 19h00	15h	● 2h25
Do. 19	6h20 19h14	1h15 7h15 13h45 20h15		
Fr. 20	6h37 20h36	2h00 7h30 14h30 21h30	★	
Sa. 21	6h56 22h01	3h00 8h00 15h15 23h00	7h ★ ★	ZUNEHMENDER
So. 22	7h20 23h27	3h45 8h15 16h15	P 13h 23h	
Mo. 23	7h52	0h30 4h45 8h45 17h15	★ ★	
Di. 24	0h50 8h35	1h45 5h45 9h30 18h15	—	
Mi. 25	2h02 9h33	3h00 6h45 10h30 19h15	11h — ☋☿ 2 h	5h36 ◐ 20h19
Do. 26	3h00 10h45	4h00 7h45 11h45 20h15	★ ★ ★	ZUNEHMENDER
Fr. 27	3h42 12h04	4h45 8h45 13h00 21h15	11h	
Sa. 28	4h12 13h25	5h15 9h45 14h30 22h15	★ ★ 1h	
So. 29	5h35 15h44	6h30 11h30 16h45	★ ★ ★	

13

MÄRZ

APRIL

Tag	Mond	Zeiten	Zeichen	Notizen
14				
Mo. 30	5h54 16h59	0h00 7h00 12h15 18h00	♉ 14h	
Di. 31	6h09 18h13	0h45 7h15 13h00 19h15	★ ★ ★ 17h	
Mi. 1	6h24 19h24	1h30 7h30 13h45 20h30	★ ★ ★	
Do. 2	6h38 20h36	2h15 7h45 14h30 21h30	★ ★	
Fr. 3	6h54 21h47	2h45 8h00 15h15 22h45	★ ★ ★	
Sa. 4	7h12 22h59	3h30 8h15 16h00	9h	
So. 5	7h34	0h00 4h15 8h30 16h45	★ ★ 21h	
15				
Mo. 6	0h09 8h02	1h15 5h15 9h00 17h30	★	
Di. 7	1h14 8h39	2h15 6h00 9h45 18h30	★ ★	
Mi. 8	2h13 9h26	3h15 6h45 10h30 19h15	★ 12h ★	
Do. 9	3h01 10h24	4h00 7h45 11h30 20h00	★ ★	
Fr. 10	3h39 11h31	4h45 8h30 12h30 21h00	★ ★ ★ 23h	
Sa. 11	4h09 12h42	5h15 9h15 13h45 21h45	— ★	☊ ♀ 8 h
So. 12	4h32 13h56	5h30 10h15 15h00 22h30	★ ★	

ZUNEHMENDER 4h13 ○

ABNEHMENDER 6h51

6h53 ◑ ABNEHMENDER

APRIL

16

Tag	Mond	Zeiten	
Mo. 13	4h51 15h12	5h45 11h00 16h15 23h15	5h
Di. 14	5h08 16h28	6h15 11h45 17h30 0h00	♌ 2h, 2h
Mi. 15	5h24 17h46	6h30 12h30 18h45 0h45	
Do. 16	5h40 19h08	6h45 13h15 20h15 1h45	
Fr. 17	5h58 20h33	7h00 14h00 21h30 2h30	13h53 ●, 17h
Sa. 18	6h21 22h01	7h15 15h00 23h00 3h30	
So. 19	6h50 23h29	7h45 16h00 0h30	P 9h, 9h
Mo. 20	7h30	4h30 8h30 17h00 1h45	
Di. 21	0h49 8h25	5h45 9h30 18h15 3h00	13h00, 19h
Mi. 22	1h53 9h34	6h45 10h30 19h15 3h45	
Do. 23	2h41 10h53	7h45 12h00 20h15 4h15	18h
Fr. 24	3h16 12h14	8h45 13h15 21h00 4h45	4h33 ◐
Sa. 25	3h41 13h33	9h30 14h30 22h00 5h00	7h
So. 26	4h00 14h49	10h15 15h45 22h45	♉ 17h

ABNEHMENDER

ZUNEHMENDER

ZUNEHMENDER

17

APRIL

Tag		Zeiten	Markierung
Mo. 27	4h16 16h02	5h15, 11h00, 17h00, 23h30	23h
Di. 28	4h31 17h13	5h30, 11h45, 18h15	
Mi. 29	4h45 18h23	0h00, 5h45, 12h30, 19h30	
Do. 30	5h00 19h34	0h45, 6h00, 13h15, 20h30	

ZUNEHMENDER

MAI

Tag		Zeiten	Markierung
Fr. 1	5h18 20h45	1h30, 6h15, 14h00, 21h45	16h; 19h24
Sa. 2	5h38 21h55	2h15, 6h45, 14h45, 23h00	
So. 3	6h04 23h03	3h00, 7h00, 15h30	4h
Mo. 4	6h38	0h00, 3h45, 7h45, 16h15	
Di. 5	0h04 7h22	1h00, 4h45, 8h15, 17h15	13h23; 19h
Mi. 6	0h55 8h16	2h00, 5h30, 9h15, 18h00	
Do. 7	1h37 9h19	2h30, 6h30, 10h15, 18h45	
Fr. 8	2h09 10h27	3h15, 7h15, 11h30, 19h45	7h
Sa. 9	2h34 11h39	3h30, 8h00, 12h45, 20h30	23h12
So. 10	2h54 12h52	4h00, 8h45, 13h45, 21h15	13h

ABNEHMENDER

18

19

MAI

Tag	Mond auf/unter	Zeiten	Hinweise
Mo. 11	3h11 / 14h05	4h15, 9h30, 15h00, 22h00	♌ 7h
Di. 12	3h27 / 15h21	4h30, 10h15, 16h15, 22h45	11h
Mi. 13	3h43 / 16h39	4h45, 11h00, 17h45, 23h30	☊☿ 20 h
Do. 14	4h00 / 18h01	5h00, 11h45, 19h00	
Fr. 15	4h20 / 19h27	0h15, 5h15, 12h45, 20h30	4h
Sa. 16	4h46 / 20h57	1h15, 5h45, 13h45, 22h00	19h; ● 22h02
So. 17	5h21 / 22h23	2h15, 6h15, 14h45, 23h30	P 16h
Mo. 18	6h10 / 23h37	3h15, 7h15, 15h45	
Di. 19	7h16	0h30, 4h30, 8h15, 17h00	3h; 21h26
Mi. 20	0h34 / 8h34	1h30, 5h30, 9h30, 18h00	
Do. 21	1h15 / 9h58	2h15, 6h30, 11h00, 19h00	1h
Fr. 22	1h44 / 11h21	2h45, 7h30, 12h15, 19h45	14h
Sa. 23	2h05 / 12h39	3h00, 8h15, 13h45, 20h45	◐ 13h12; ♉ 17h
So. 24	2h23 / 13h53	3h30, 9h00, 15h00, 21h30	

ABNEHMENDER

ZUNEHMENDER

20

21

22

MAI

Tag	Zeiten (links)	Zeiten	Markierungen
Mo. 25	2h38 / 15h05	3h45, 9h45, 16h00, 22h00	5h
Di. 26	2h52 / 16h15	3h45, 10h30, 17h15, 22h45	
Mi. 27	3h07 / 17h25	4h00, 11h15, 18h30, 23h30	
Do. 28	3h24 / 18h35	4h30, 11h45, 19h30	22h
Fr. 29	3h43 / 19h45	0h15, 4h45, 12h30, 20h45	
Sa. 30	4h07 / 20h53	1h00, 5h00, 13h30, 22h00	10h
So. 31	4h39 / 21h56	1h45, 5h45, 14h15, 23h00	10h46

ZUNEHMENDER

23

JUNI

Tag	Zeiten (links)	Zeiten	Markierungen
Mo. 1	5h19 / 22h51	2h45, 6h15, 15h00, 23h45	18h49, 1h
Di. 2	6h10 / 23h35	3h30, 7h15, 16h00	
Mi. 3	7h11	0h30, 4h15, 8h15, 16h45	
Do. 4	0h10 / 8h18	1h15, 5h15, 9h15, 17h30	13h
Fr. 5	0h37 / 9h28	1h30, 6h00, 10h30, 18h15	
Sa. 6	0h58 / 10h39	2h00, 6h45, 11h45, 19h00	20h
So. 7	1h16 / 11h51	2h15, 7h30, 12h45, 19h45	♌ 8h

ABNEHMENDER

JUNI

24

Tag	Zeiten	Zeitangaben	Markierungen
Mo. 8	1h32 13h03	2h30 8h15 14h00 20h30	19h
Di. 9	1h47 14h17	2h45 9h00 15h15 21h15	
Mi. 10	2h03 15h35	3h00 9h45 16h30 22h00	
Do. 11	2h21 16h57	3h15 10h30 18h00 23h00	14h
Fr. 12	2h43 18h23	3h45 11h30 19h30 23h45	5h
Sa. 13	3h13 19h51	4h15 12h30 20h45	
So. 14	3h54 21h12	1h00 5h00 13h30 22h15	
Mo. 15	4h52 22h19	2h00 5h45 14h30 23h15	P 1h, 14h
Di. 16	6h07 23h08	3h15 7h00 15h45	—
Mi. 17	7h31 23h42	0h15 4h15 8h30 16h45	11h
Do. 18	8h58	0h45 5h15 10h00 17h45	22h
Fr. 19	0h08 10h21	1h15 6h15 11h15 18h30	☋ 20h
Sa. 20	0h27 11h39	1h30 7h00 12h45 19h15	
So. 21	0h44 12h53	1h45 7h45 14h00 20h00	☋☿ 3 h, 12h

ABNEHMENDER 12h02 4h55

7h19

ZUNEHMENDER 23h57

25

JUNI

Tag	Zeiten	Zeiten	Hinweise
Mo. 22	0h59 / 14h05	2h00, 8h30, 15h00, 20h45	23h57
Di. 23	1h14 / 15h15	2h15, 9h00, 16h15, 21h30	
Mi. 24	1h30 / 16h26	2h30, 9h45, 17h30, 22h15	
Do. 25	1h48 / 17h36	2h45, 10h30, 18h30, 23h00	4h
Fr. 26	2h11 / 18h44	3h15, 11h15, 19h45, 23h45	16h
Sa. 27	2h40 / 19h49	3h45, 12h15, 20h45, 0h30	
So. 28	3h17 / 20h47	4h15, 13h00, 21h45	23h59

ZUNEHMENDER

Tag	Zeiten	Zeiten	Hinweise
Mo. 29	4h05 / 21h34	1h30, 5h00, 13h45, 22h30	7h, 1h58
Di. 30	5h03 / 22h12	2h15, 6h00, 14h45, 23h15	

JULI

Tag	Zeiten	Zeiten	Hinweise
Mi. 1	6h09 / 22h41	3h00, 7h15, 15h30, 23h45	19h
Do. 2	7h19 / 23h03	4h00, 8h15, 16h15, 0h00	
Fr. 3	8h30 / 23h22	4h45, 9h30, 17h00, 0h15	2h
Sa. 4	9h41 / 23h38	5h30, 10h45, 17h45, 0h45	♌ 10h
So. 5	10h53 / 23h53	6h15, 12h00, 18h30	

ABNEHMENDER

JULI

28

Tag		Zeiten	Hinweise
Mo. 6	12h05	1h00, 6h45, 13h00, 19h15	2h ★
Di. 7	0h08 13h19	1h15, 7h30, 14h15, 20h00	★ ★ ★ ◐ 21h30
Mi. 8	0h24 14h36	1h30, 8h15, 15h30, 20h45	★ ★ 22h
Do. 9	0h44 15h58	1h45, 9h15, 17h00, 21h30	★ ★
Fr. 10	1h09 17h23	2h15, 10h00, 18h30, 22h30	★ ★ ★ 15h
Sa. 11	1h44 18h46	2h45, 11h15, 19h45, 23h45	★ ★
So. 12	2h32 19h59	3h30, 12h15, 21h00	★ 0h
Mo. 13	3h38 20h56	0h45, 4h45, 13h15, 22h00	17h11 P 10h
Di. 14	4h59 21h37	2h00, 6h00, 14h30, 22h30	● 11h45 21h
Mi. 15	6h26 22h07	3h00, 7h30, 15h30, 23h00	★
Do. 16	7h53 22h29	4h00, 9h00, 16h15, 23h30	8h ★ ★
Fr. 17	9h16 22h48	4h45, 10h15, 17h15, 23h45	☋ 2h ★
Sa. 18	10h34 23h04	5h30, 11h30, 18h00	★ ★ 20h
So. 19	11h49 23h19	0h00, 6h15, 12h45, 18h45	★ ★

ABNEHMENDER

ZUNEHMENDER

29

30

JULI

Tag	Mond auf/unter	Zeiten	Zeichen	Notizen
Mo. 20	13h02 / 23h35	0h15, 7h00, 14h00, 19h30	★★	
Di. 21	14h13 / 23h52	0h30, 7h45, 15h15, 20h15	★ ◐ 13h07	
Mi. 22	15h24	0h45, 8h30, 16h30, 21h00	★★ 11h	
Do. 23	0h14 / 16h34	1h15, 9h15, 17h30, 21h45	★★★ 23h	
Fr. 24	0h40 / 17h41	1h45, 10h00, 18h45, 22h30		
Sa. 25	1h15 / 18h41	2h15, 11h00, 19h45, 23h15	★★ 5h52	☊♂ 2h
So. 26	1h59 / 19h32	3h00, 11h45, 20h30	13h	
Mo. 27	2h54 / 20h13	0h15, 4h00, 12h45, 21h15	★★★ –	
Di. 28	3h58 / 20h44	1h00, 5h00, 13h30, 21h45	★★★ 1h	
Mi. 29	5h08 / 21h09	1h45, 6h15, 14h15, 22h15	★ ○ 16h37	
Do. 30	6h20 / 21h29	2h45, 7h15, 15h00, 22h30	★★★ 8h	
Fr. 31	7h32 / 21h45	3h30, 8h30, 15h45, 22h45	☊ 14h	☋♀ 21 h

ZUNEHMENDER

ABNEHMENDER

31

AUGUST

Tag	Mond auf/unter	Zeiten	Zeichen	Notizen
Sa. 1	8h44 / 22h00	4h15, 9h45, 16h30, 23h00	★★ 7h	
So. 2	9h56 / 22h15	4h45, 11h00, 17h15, 23h15	– ★★	

AUGUST

32

ABNEHMENDER

Tag	Zeiten	Mond	Tageszeiten	Hinweise
Mo. 3	11h09 22h31		5h30 12h15 18h00 23h30	
Di. 4	12h24 22h49		6h15 13h30 18h45 23h45	4h
Mi. 5	13h43 23h11	4h23 ◑	7h00 14h45 19h30	
Do. 6	15h05 23h41		0h15 8h00 16h00 20h30	22h
Fr. 7	16h27		0h45 9h00 17h30 21h30	
Sa. 8	0h22 17h42		1h15 10h00 18h45 22h30	
So. 9	1h18 18h44	1h39	2h15 11h00 19h45 23h30	9h; ☊ ☿ 19 h

33

ZUNEHMENDER

Tag	Zeiten	Mond	Tageszeiten	Hinweise
Mo. 10	2h31 19h31		3h30 12h15 20h30	P 13h
Di. 11	3h55 20h05		0h45 5h00 13h15 21h00	7h
Mi. 12	5h22 20h31	19h38 ●	1h45 6h15 14h00 21h30	18h
Do. 13	6h47 20h51		2h30 7h45 15h00 21h45	☋ 12h
Fr. 14	8h09 21h08		3h15 9h15 15h45 22h15	
Sa. 15	9h26 21h23		4h15 10h30 16h30 22h30	6h
So. 16	10h42 21h39		5h00 11h45 17h15 22h45	

AUGUST

Tag	Zeiten	Zeiten	Hinweise
Mo. 17	11h55 21h56	5h45 13h00 18h00 23h00	34
Di. 18	13h08 22h16	6h30 14h15 18h45 23h15	19h
Mi. 19	14h20 22h41	7h15 15h15 19h30 23h45	ZUNEHMENDER; 4h47
Do. 20	15h29 23h12	8h00 16h30 20h30	6h
Fr. 21	16h32 23h53	00h15 8h45 17h30 21h15	
Sa. 22	17h27	1h00 9h45 18h30 22h00	12h56; 21h
So. 23	0h44 18h11	1h45 10h30 19h15 23h00	ZUNEHMENDER
Mo. 24	1h45 18h46	2h45 11h15 19h45 23h45	35
Di. 25	2h53 19h13	4h00 12h15 20h15	8h
Mi. 26	4h05 19h34	0h30 5h00 13h00 20h30	
Do. 27	5h18 19h52	1h15 6h15 13h45 20h45	15h; ♌ 21h
Fr. 28	6h31 20h08	2h00 7h30 14h30 21h15	6h20
Sa. 29	7h44 20h23	2h45 8h45 15h15 21h30	ABNEHMENDER; 14h
So. 30	8h57 20h38	3h30 10h00 16h00 21h45	

SEPTEMBER

Tag	Zeiten		Zeiten	Mond	Hinweise
Mo. 31	10h13 20h56		4h15 11h15 16h45 22h00	ABNEHMENDER	★ ★ ★
Di. 1	11h32 21h17		5h00 12h30 17h30 22h15		10h
Mi. 2	12h53 21h44		6h00 14h00 18h15 22h45		★ ★ 3h
Do. 3	14h15 22h20		6h45 15h15 19h15 23h15		★ ★ ★
Fr. 4	15h31 23h10		7h45 16h30 20h15 0h15	◑ 9h52	★ ★ ★
Sa. 5	16h37	8h09	9h00 17h30 21h30 1h15		★ ★ ★ 16h
So. 6	0h15 17h27		10h00 18h30 22h30 2h30		★ P 23h

Tag	Zeiten		Zeiten	Mond	Hinweise
Mo. 7	1h33 18h05		11h00 19h00 23h30 4h00	ABNEHMENDER	★ 15h
Di. 8	2h57 18h32		12h00 19h30 0h30		★ ★ 3h
Mi. 9	4h21 18h54		5h15 12h45 20h00 1h15		☋ 21h
Do. 10	5h43 19h12		6h45 13h30 20h15 2h00	5h28	
Fr. 11	7h02 19h28		8h00 14h30 20h30 2h45	● ZUNEHMENDER	15h
Sa. 12	8h18 19h44		9h15 15h15 20h45 3h30		★
So. 13	9h33 20h00		10h30 16h00 21h00		–

SEPTEMBER

Tag	Mond	Zeiten	Zeichen
Mo. 14	10h48 / 20h19	4h15, 11h45, 16h45, 21h15	★ · 3h
Di. 15	12h01 / 20h42	5h00, 13h00, 17h30, 21h45	★ ★
Mi. 16	13h13 / 21h11	5h45, 14h15, 18h15, 22h15	★ ★★ · 14h
Do. 17	14h19 / 21h48	6h45, 15h15, 19h00, 22h45	★ ★ · ☋☿ 2 h
Fr. 18	15h18 / 22h35	7h30, 16h15, 20h00, 23h30	20h50 · ◑ 22h45
Sa. 19	16h06 / 23h32	8h30, 17h00, 20h45, 0h30	5h · ★ ★
So. 20	16h45	9h15, 17h45, 21h45, 1h30	— · ★
Mo. 21	0h37 / 17h14	10h00, 18h15, 22h30	★ ★★ · 17h
Di. 22	1h47 / 17h38	2h45, 10h45, 18h45, 23h15	★ ★
Mi. 23	2h59 / 17h57	4h00, 11h30, 19h00	23h
Do. 24	4h12 / 18h14	0h00, 5h15, 12h15, 19h15	☊ 5h · ★
Fr. 25	5h25 / 18h29	0h45, 6h30, 13h00, 19h30	★ ★ · 21h
Sa. 26	6h40 / 18h45	1h30, 7h45, 13h45, 19h45	★ ★ · ○ 18h50
So. 27	7h56 / 19h02	2h15, 9h00, 14h30, 20h00	★ ★ ★

ZUNEHMENDER

ZUNEHMENDER

38

39

SEPTEMBER
OKTOBER

40

Tag		Zeiten	
Mo. 28	9h16 19h22	3h00 10h15 15h30 20h15	16h
Di. 29	10h38 19h47	3h45 11h45 16h15 20h45	
Mi. 30	12h01 20h21	4h45 13h00 17h15 21h15	9h
Do. 1	13h21 21h07	5h45 14h15 18h15 22h00	P 23h
Fr. 2	14h31 22h08	6h45 15h30 19h15 23h15	13h28 21h
Sa. 3	15h25 23h21	7h45 16h30 20h15	15h26
So. 4	16h06	0h15 8h45 17h00 21h15	21h
Mo. 5	0h42 16h36	1h45 9h45 17h30 22h15	
Di. 6	2h05 16h59	3h00 10h45 18h00 23h15	10h
Mi. 7	3h25 17h17	4h30 11h30 18h15	
Do. 8	4h43 17h34	0h00 5h45 12h15 18h30	☋ 3h 23h
Fr. 9	5h59 17h49	0h45 7h00 13h00 18h45	
Sa. 10	7h13 18h05	1h30 8h15 13h45 19h00	17h51
So. 11	8h27 18h23	2h15 9h30 14h30 19h30	

ABNEHMENDER

ABNEHMENDER

41

OKTOBER

Tag	Mond	Zeiten	
Mo. 12	9h41 / 18h45	3h00 / 10h45 / 15h15 / 19h45	12h
Di. 13	10h54 / 19h11	3h45 / 12h00 / 16h00 / 20h15	23h
Mi. 14	12h03 / 19h45	4h30 / 13h00 / 17h00 / 20h45	
Do. 15	13h06 / 20h28	5h15 / 14h00 / 17h45 / 21h30	4h39
Fr. 16	13h59 / 21h21	6h15 / 15h00 / 18h45 / 22h15	13h
Sa. 17	14h41 / 22h23	7h00 / 15h45 / 19h30 / 23h30	
So. 18	15h14 / 23h30	8h00 / 16h15 / 20h15 / 0h30	◐ 18h14 / 1h
Mo. 19	15h39	8h45 / 16h45 / 21h00 / 1h45	
Di. 20	0h40 / 16h00	9h30 / 17h00 / 21h45 / 2h45	
Mi. 21	1h52 / 16h17	10h15 / 17h15 / 22h30	8h / ☊ 11h
Do. 22	3h04 / 16h33	4h00 / 11h00 / 17h30 / 23h15	7h
Fr. 23	4h17 / 16h49	5h15 / 11h45 / 17h45 / 0h00	
Sa. 24	5h32 / 17h05	6h30 / 12h30 / 18h00 / 0h45	
So. 25	5h51 / 16h24	6h45 / 12h15 / 17h30	0h

ZUNEHMENDER

ZUNEHMENDER

43

OKTOBER / NOVEMBER

ABNEHMENDER

Tag	Mond	Zeiten	Hinweise
Mo. 26	7h13 16h48	0h45 8h15 13h00 17h45	0h; ○ 5h13
Di. 27	8h39 17h19	1h30 9h45 14h00 18h15	16h
Mi. 28	10h03 18h02	2h30 11h00 15h00 19h00	P 19h
Do. 29	11h19 18h59	3h30 12h15 16h15 20h00	3h; 18h32
Fr. 30	12h20 20h11	4h45 13h15 17h15 21h15	—
Sa. 31	13h06 21h31	5h45 14h00 18h15 22h30	2h
So. 1	13h39 22h54	6h45 14h45 19h15	◑ 21h30
Mo. 2	14h04	0h00 7h45 15h00 20h00	14h
Di. 3	0h14 14h23	1h15 8h30 15h30 20h45	☋ 4h
Mi. 4	1h32 14h40	2h30 9h15 15h45 21h30	
Do. 5	2h46 14h56	3h45 10h00 16h00 22h15	4h; — ; ☊☿ 17h
Fr. 6	4h00 15h12	5h00 10h45 16h15 23h00	
Sa. 7	5h12 15h29	6h15 11h30 16h30 23h45	
So. 8	6h25 15h48	7h30 12h15 16h45	18h

44

45

NOVEMBER

Tag	Zeiten	Mond	Hinweise
Mo. 9 (7h38, 16h13)	0h30, 8h45, 13h00, 17h15	● 8h03	
Di. 10 (8h49, 16h44)	1h15, 9h45, 13h45, 17h45		5h
Mi. 11 (9h54, 17h24)	2h15, 11h00, 14h45, 18h30		
Do. 12 (10h50, 18h13)	3h00, 11h45, 15h30, 19h15	10h33	19h
Fr. 13 (11h36, 19h12)	4h00, 12h30, 16h30, 20h15		
Sa. 14 (12h12, 20h17)	4h45, 13h15, 17h15, 21h15		
So. 15 (12h40, 21h26)	5h30, 13h45, 18h00, 22h30		8h
Mo. 16 (13h02, 22h35)	6h15, 14h00, 18h45, 23h30		
Di. 17 (13h21, 23h45)	7h00, 14h15, 19h30	◐ 12h49	☊ 13h, 16h
Mi. 18 (13h37)	0h45, 7h45, 14h30, 20h15		
Do. 19 (0h55, 13h52)	2h00, 8h30, 14h45, 21h00		15h
Fr. 20 (2h08, 14h08)	3h15, 9h15, 15h15, 21h30		
Sa. 21 (3h23, 14h25)	4h30, 10h00, 15h30, 22h30		☊ ♀ 23h
So. 22 (4h42, 14h47)	5h45, 10h45, 15h45, 23h15		11h

ZUNEHMENDER

ZUNEHMENDER

Monat	Tag	Zeiten	Mond	Zeiten	Markierung
NOVEMBER	Mo. 23	6h06 15h14	ZUNEHMENDER	7h00 11h45 16h15 0h15	2h
	Di. 24	7h33 15h52	15h55	8h30 12h45 16h45 1h15	
	Mi. 25	8h55 16h44		10h00 13h45 17h45	P 22h
	Do. 26	10h06 17h52	2h56 ABNEHMENDER	2h30 11h00 15h00 18h45	11h
	Fr. 27	11h00 19h13		3h30 12h00 16h00 20h15	9h
	Sa. 28	11h38 20h38		4h30 12h45 17h00 21h45	
	So. 29	12h07 22h02		5h30 13h00 18h00 23h00	20h
	Mo. 30	12h28 23h22	7h10	6h30 13h30 18h45 0h15	☋ 5h
DEZEMBER	Di. 1	12h46		7h15 13h45 19h30 1h45	
	Mi. 2	0h38 13h02		8h00 14h00 20h15 2h45	10h
	Do. 3	1h51 13h18	ABNEHMENDER	8h45 14h15 21h00 4h00	
	Fr. 4	3h03 13h35		9h30 14h30 21h45 5h15	
	Sa. 5	4h15 13h53		10h15 15h00 22h30	0h
	So. 6	5h27 14h16		6h30 11h00 15h15 23h15	

49

DEZEMBER

Tag		Zeiten	Hinweise
Mo. 7	6h37 14h45	7h30 11h45 15h45	12h
Di. 8	7h44 15h21	0h15 8h45 12h30 16h15	ABNEHMENDER 1h53
Mi. 9	8h43 16h08	1h00 9h45 13h30 17h15	● 16h20 2h
Do. 10	9h33 17h04	1h45 10h30 14h15 18h00	
Fr. 11	10h12 18h07	2h45 11h15 15h00 19h00	
Sa. 12	10h42 19h15	3h30 11h45 16h00 20h15	ZUNEHMENDER 14h
So. 13	11h06 20h23	4h15 12h00 16h45 21h30	☋ ☿ 0 h
Mo. 14	11h25 21h32	5h00 12h30 17h30 22h30	☊ 14h 23h
Di. 15	11h41 22h41	5h45 12h45 18h00 23h45	
Mi. 16	11h56 23h50	6h30 13h00 18h45	0h
Do. 17	12h11	0h45 7h15 13h15 19h30	◐ 6h44
Fr. 18	1h01 12h27	2h00 7h45 13h30 20h15	ZUNEHMENDER
Sa. 19	2h16 12h46	3h15 8h45 13h45 21h00	21h
So. 20	3h35 13h09	4h30 9h30 14h15 22h00	

DEZEMBER

Tag	Zeiten		Zeiten im Streifen	Markierungen
Mo. 21	4h59	13h41	6h00, 10h30, 14h45, 23h00	13h
Di. 22	6h23	14h24	7h30, 11h30, 15h30	–
Mi. 23	7h41	15h25	0h00, 8h45, 12h30, 16h30	23h; 13h27; 2h29
Do. 24	8h44	16h42	1h00, 9h45, 13h45, 17h45	P 10h
Fr. 25	9h31	18h09	2h15, 10h30, 14h45, 19h15	19h
Sa. 26	10h05	19h38	3h15, 11h00, 15h45, 20h45	
So. 27	10h30	21h02	4h15, 11h30, 16h45, 22h00	5h; ☊ 9h
Mo. 28	10h51	22h23	5h00, 11h45, 17h30, 23h30	
Di. 29	11h08	23h39	6h00, 12h15, 18h15	17h
Mi. 30	11h24		0h45, 6h45, 12h30, 19h00	20h01
Do. 31	0h53	11h40	2h00, 7h30, 12h45, 19h45	

ZUNEHMENDER

ABNEHMENDER

2027

Tag	Zeiten		Zeiten im Streifen	Markierungen
Fr. 1	2h06	11h59	3h00, 8h15, 13h00, 20h30	6h
Sa. 2	3h18	12h20	4h15, 9h00, 13h15, 21h15	
So. 3	4h29	12h46	5h30, 9h45, 13h45, 22h00	17h

53

Pflanzenassoziationen

Pflanzen beeinflussen besonders durch ihr Wurzelgeflecht ihr unmittelbares Umfeld und dadurch auch das Wachstum der Nachbarpflanzen. Dieses Phänomen, das je nach Bodentyp stärkere oder schwächere Auswirkungen haben kann, machten sich schon die alten Chinesen und Indianer zunutze. Eine Berücksichtigung solcher Pflanzenassoziationen bekämpft Schädlinge sowie Krankheiten und sichert reiche Erträge.

	Günstige Nachbarn	Ungünstige Nachbarn
Auberginen	Bohnen, Paprika	Kartoffeln
Bohnen	Auberginen, Bohnenkraut, Erdbeeren, Gurken, Karotten, Kartoffeln, Kohl, Mais, Rettich, Ringelblumen, Rüben, Salat, Sellerie, Spinat	Erbsen, Fenchel, Knoblauch, Lauch, Mangold, Petersilie, Rote Bete, Schalotten, Zwiebeln
Chicorée	Fenchel, Kohl, Lauch	Kürbispflanzen
Erbsen	Dill, Fenchel, Gurken, Karotten, Kohl, Mais, Rettich, Rüben, Salat, Sellerie, Spargel, Zucchini	Bohnen, Knoblauch, Lauch, Petersilie, Schalotten, Tomaten, Zwiebeln
Erdbeeren	Bohnen, Borretsch, Feldsalat, Knoblauch, Lauch, Rettich, Ringelblumen, Rüben, Salat, Schnittlauch, Spinat, Thymian, Zwiebeln	Kohl
Fenchel	Chicorée, Erbsen, Gurken, Lauch, Salat, Salbei, Sellerie, Zichorien	Bohnen, Kohl, Pastinaken, Tomaten
Feldsalat	Erdbeeren, Kohl, Lauch, Zwiebeln	
Gurken	Basilikum, Bohnen, Dill, Erbsen, Fenchel, Kohl, Koriander, Kümmel, Lauch, Mais, Rote Bete, Salat, Sellerie, Schnittlauch, Spargel, Zwiebeln	Kartoffeln, Rettich
Karotten	Buschbohnen, Dill, Erbsen, Kerbel, Knoblauch, Lauch, Rettich, Rosmarin, Salat, Salbei, Schnittlauch, Schwarzwurzeln, Tomaten, Zichorien, Zwiebeln	Rote Bete
Kartoffeln	Bohnen, Knoblauch, Kohl, Rettich, Spinat, Saubohnen	Auberginen, Gurken, Mais, Rote Bete, Sellerie, Sonnenblumen, Tomaten, Zwiebeln
Knoblauch	Erdbeeren, Gurken, Himbeeren, Karotten, Kartoffeln, Lilien, Obstbäume, Radieschen, Rosen, Rote Bete, Tomaten, Tulpen	Bohnen, Erbsen, Kohl, Ringelblumen, Stangenbohnen

Kohl	Beifuß, Bohnen, Chicorée, Dill, Erbsen, Feldsalat, Kamille, Kartoffeln, Kümmel, Mangold, Pfefferminze, Rüben, Sellerie, Salat, Spinat	Erdbeeren, Knoblauch, Lauch, Pastinaken, Petersilie, Rettich, Senf, Zichorien, Zwiebeln
Kohlrabi	Bohnen, Erbsen, Kartoffeln, Lauch, Rote Bete, Salat, Schwarzwurzeln, Sellerie, Spinat, Tomaten	Erdbeeren, Fenchel, Zichorien
Kürbispflanzen, Zucchini usw.	Basilikum, Erdbeeren, Kapuzinerkresse, Karotten, Mais, Rote Bete, Salat, Zwiebeln	Rettich
Lauch	Chicorée, Erdbeeren, Fenchel, Kamille, Karotten, Petersilie, Salat, Schwarzwurzeln, Sellerie, Spargel, Tomaten, Zwiebeln	Bohnen, Erbsen, Kürbispflanzen, Mangold, Paprika, Petersilie, Rote Bete
Mangold	Kohl, Rettich, Salat, Sellerie, Zwiebeln	Lauch, Spargel, Tomaten
Paprika	Auberginen, Tomaten	Knoblauch, Lauch
Pastinaken	Karotten, Zwiebeln	Fenchel
Petersilie	Lauch, Rettich, Spargel, Tomaten	Bohnen, Erbsen, Kohl, Salat
Rettich und Radieschen	Bohnen, Erbsen, Kapuzinerkresse, Kartoffeln, Kerbel, Knoblauch, Mangold, Petersilie, Salat, Spinat, Tomaten	Gurken, Kohl, Kürbisse
Rote Bete	Buschbohnen, Dill, Gurken, Knoblauch, Kohl, Koriander, Kümmel, Salat, Sellerie, Zucchini, Zwiebeln	Karotten, Kartoffeln, Lauch, Mais, Saubohnen, Spargel, Spinat, Stangenbohnen, Tomaten
Rüben	Bohnen, Erbsen, Salat, Spinat	
Salat	Bohnen, Dill, Erdbeeren, Erbsen, Fenchel, Gurken, Knoblauch, Kerbel, Kohl, Lauch, Mais, Pfefferminze, Rote Bete, Rettich, Saubohnen, Schwarzwurzeln, Zichorien, Zwiebeln, Tomaten	Kürbispflanzen, Petersilie, Sellerie
Saubohnen	Artischocken, Karotten, Kartoffeln, Salat, Sellerie	Rote Bete, Zwiebeln
Schwarzwurzeln	Kohlrabi, Lauch, Salat	
Sellerie	Bohnen, Erbsen, Gurken, Kamille, Kohl, Kürbispflanzen, Lauch, Mangold, Rote Bete, Saubohnen, Tomaten	Kartoffeln, Mais, Petersilie, Salat
Spargel	Erbsen, Gurken, Lauch, Petersilie, Salat, Tomaten	Knoblauch, Rote Bete, Zwiebeln
Spinat	Erdbeeren, Kartoffeln, Kohl, Rettich, Rüben, Sellerie, Stangenbohnen, Tomaten	Mangold, Rote Bete
Tomaten	Basilikum, Kapuzinerkresse, Karotten, Knoblauch, Petersilie, Lauch, Mais, Paprika, Pastinaken, Rettich, Ringelblumen, Salat, Sellerie, Spargel, Spinat, Zichorien, Zwiebeln	Erbsen, Fenchel, Mangold, Rote Bete
Zichorien	Bohnen, Karotten, Fenchel, Salat, Tomaten	Kohl
Zuckermais	Bohnen, Bohnenkraut, Dill, Erbsen, Gurken, Kamille, Kürbispflanzen, Salat, Schwarzwurzeln, Tomaten, Zichorien	Rote Bete, Sellerie
Zwiebeln	Erdbeeren, Gurken, Karotten, Lauch, Pastinaken, Petersilie, Rote Bete, Salat, Tomaten	Bohnen, Erbsen, Kartoffeln, Kohl, Saubohnen

Mein Gartenplan/Notizen

Zeichenerklärung für die Tabellen auf Seite

26, 31, 32, 33, 38, 39, 47, 53, 55, 56, 62, 63, 64, 65, 67, 68.

In den Tabellen steht jedes Kästchen für einen regelmäßig in 24 Stunden aufgeteilten Tag (siehe oben).
Hier einige Beispiele:

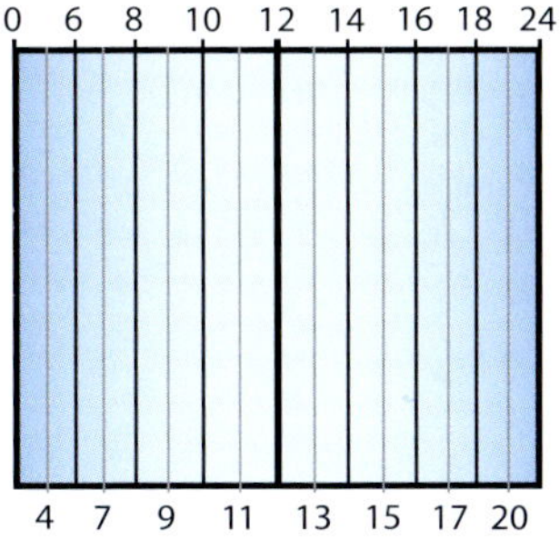

 Grün bis 9 Uhr, gelb den restlichen Tag.

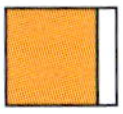 Orange bis 17 Uhr und weiß (neutral) den Rest des Tages.

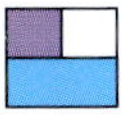 Violett bis 12 Uhr und blau den ganzen Tag.

Vergleichsversuche

Wir führen seit 40 Jahren Vergleichsversuche durch, um unsere Angaben wissenschaftlich zu fundieren. Dabei achten wir darauf, dieselbe Menge desselben Saatguts bei denselben Witterungsbedingungen mit geringem Zeitunterschied, aber verschiedenen Mondeinflüssen, zu säen oder auszupflanzen. Dabei sind natürlich auch die Vorgängerkulturen, Pflanzabstände, Bewässerung und Pflanzenpflege identisch.

Diese Tomaten wurden alle an einem „Fruchttag“ mit 3 Sternen gesät, aber pikiert
A & B: bei **absteigendem** Mond,
C & D: bei **aufsteigendem** Mond.

A: Ernte von 19 Saatkartoffeln, gepflanzt an einem Wurzeltag mit 2 Sternen = 15,4 kg
B: Ernte von 19 Saatkartoffeln, gepflanzt an einem Wurzeltag zum **Perigäum** = 11,8 kg

Ernte von Roten Rüben, die nebeneinander an zwei Folgetagen gesät wurden.
Links: Wurzeltag mit **Mondknoten** = 8,9 kg
Rechts: Wurzeltag mit 3 Sternen = 17,7 kg

Ernte von Rettich, die nebeneinander an zwei Folgetagen gesät wurden.
Links: Wurzeltag mit negativem **Planetenaspekt** (Mond im Quadrat zu Saturn = rote Zone) = 260 g
Rechts: Wurzeltag mit 3 Sternen = 460 g

Stichwortregister * (* Angeführt sind die jeweils wichtigsten Stellen)